电路原理及应用

乔灵爱 主编

科学出版社

北 京

内 容 简 介

电路原理是高等院校电子、电气、信息及生物医学工程类专业的一门重要专业基础课程。

本书是在广泛吸取国内外相关教材成功经验的基础上,根据教育部高等学校电子电气基础课程教学指导分委员会制定的"电路类课程教学基本要求"及应用型本科人才的培养目标编写而成。全书共分九章,内容包括:电路的基本概念与基本定理、电阻电路的等效变换、电路的分析方法、非线性电阻电路、正弦交流电路、交流功率的计算、耦合电感和谐振电路、三相电路、动态电路的时域分析。教材编写注重电路原理与后续课程的有机结合,并在每章的最后编排了相关工程背景的应用实例,以培养学生的工程意识,拓展学生的视野,增强应用的实效性。

本书可作为理工类高等学校电子、电气、信息及生物医学工程等专业电路原理、电路分析等课程的教材使用,也可作为相关工程技术人员的参考用书。

图书在版编目(CIP)数据

电路原理及应用/乔灵爱主编. —北京:科学出版社,2019.4
ISBN 978 - 7 - 03 - 060970 - 0

Ⅰ.①电… Ⅱ.①乔… Ⅲ.①电路理论 Ⅳ.
①TM13

中国版本图书馆 CIP 数据核字(2019)第 063200 号

责任编辑:潘志坚 / 责任校对:谭宏宇
责任印制:黄晓鸣 / 封面设计:殷 靓

科 学 出 版 社 出版
北京东黄城根北街 16 号
邮政编码:100717
http://www.sciencep.com
南京展望文化发展有限公司排版
广东虎彩云印刷有限公司印刷
科学出版社发行 各地新华书店经销
*
2019 年 4 月第 一 版 开本:787×1092 1/16
2024 年 1 月第六次印刷 印张:14
字数:339 000
定价:52.00 元
(如有印装质量问题,我社负责调换)

编 辑 委 员 会

前　言

电路理论是当代电气工程与电子技术的重要理论基础。电路类课程是应用型本科电子、电气、信息及生物医学工程类专业的一门重要专业基础课程,在专业课程体系中起着承前启后的重要作用。

科学技术日新月异的发展成为电路类经典课程教学内容改革的外在动力,而应用型本科培养高素质应用人才的需求则成为课程改革的内在动力。怎样让学生学好电路理论并与工程应用相结合,是电路教学中面临的一个重要课题。

本书总体设计旨在促进应用型本科学生的专业学习,反映未来社会的需要,体现素质教育的精神。故此,本书编写注重电路原理与后续课程的有机结合,通过例题、习题引入后续课程的元素,引导学生了解电路知识体系构架,为后续专业课学习确立方向和目标。

理论联系实际是本书编写的主要特点。本书充分考虑到电路原理作为学生最先接触的工程类课程,在每章的最后编排了相关工程背景的应用实例,包括人体的电现象及电流对人体的作用、后窗玻璃除霜器、电阻器、人体电阻特性、日光灯电路、医用神灯、心电仪器RC电路、医院照明系统三相电路和闪光灯电路,通过这些分层设计的应用实例,作为连接虚拟世界(电路理论)和真实世界的桥梁,培养学生的工程意识,加深对电路原理及其分析方法的理解,拓展学生的视野,增强应用的实效性。

本书的形成源于作者对应用型本科相关专业电路类课程的研究。参与本书的编委都是长期从事电路教学工作的一线教师,具有丰富的教学经验,深谙教材与教学的重点。本书由乔灵爱(上海健康医学院)担任主编,张欣(上海健康医学院)、魏全香(山西大学)、祁胜文(德州学院)担任副主编。其中,乔灵爱执笔第一章,张欣执笔第二章,乔灵爱、魏全香执笔第三章,陈永强执笔第四、九章,张君安执笔第五、六章,单延麟执笔第七、八章。全书由乔灵爱、祁胜文负责统稿和定稿。编写过程中,作者参考了国内外大量相关文献资料,这些文献资料对本书的成文起了重要作用。在此,对给予本书支持和帮助的所有人员以及相关文献资料的作者表示由衷的谢意!

由于编写时间仓促,亦限于作者的水平,书中难免有不当之处,恳请读者批评指正,以便修订之时能不断完善。

主 编

2018 年 9 月于上海

目　录

第一章　电路的基本概念与基本定理

学习要点

(1) 理解电路模型、理想电路元件的概念、电流与电压参考方向以及电流、电压间关联参考方向的概念。

(2) 理解电流、电压、电功率和电能的物理意义,掌握各量之间的关系。

(3) 理解理想电压源、理想电流源的伏安特性,掌握分析并计算电压源与电流源的电流、电压和功率的方法。

(4) 掌握电路中的电位概念及电源的习惯画法。

(5) 熟练掌握欧姆定律、基尔霍夫电流定律、基尔霍夫电压定律及其推广应用,并能灵活地运用于电路的分析与计算。

(6) 了解受控源的概念及含受控源简单电路的分析与计算方法。

第一节　电路与电路模型

一、电路及相关术语

1. 电路的定义

电路(circuit)是电流的通路,它是为了某种需要由某些电工设备或元器件按一定方式组合起来的。这里的元器件泛指实际电路部件,如电阻器、电容器、电感线圈、晶体管、变压器等。通常,电路又称为电网络,简称网络(network)。

2. 电路的功能

(1) 实现电能的传输和转换:典型电路包括电力系统的发电与输电电路。发电厂的发电机组将其他形式的能量(热能、水的势能、原子能等)转换成电能,通过变压器、输电线路输送给各用户,用户又将电能转换成其他形式的能量,如机械能(负载是电动机)、光能(负载是照明工具)、热能(负载是电炉、电烙铁)等。

(2) 实现信号的产生、传递、变换、处理与控制:典型电路包括扬声器、电话、电视机电路等。例如,电视机通过天线或有线电视线,将载有语言、音乐、图像信息的电磁波接收后,通过接收机电路将输入信号变换或处理为人们所需要的输出信号输送到扬声器或显像管,再还原为语言、音乐或图像。

3. 电路的组成

电路的结构形式和所能完成的任务是多种多样的,各种功能不同的电路,基本组成可概括为四部分,即电源、负载、连接导线和开关。如手电筒的电路组成图1-1所示,图中四部分为干电池(电源)、灯泡(负载)、连接导线和开关。

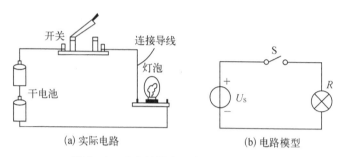

(a) 实际电路　　　　　　　　(b) 电路模型

图1-1　手电筒的实际电路及电路模型

4. 激励与响应

在任何电路中,电源(或信号源)的电压和电流,工程上统称为激励(excitation),由激励引起的结果(如某器件上的电流或电压)称为响应(response)。激励和响应的关系即作用和结果的关系,其对应输入与输出的关系。

二、电路模型

1. 实际电路

实际电路由具体的元器件互相连接而成,常用的元器件有电阻器、电容器、电感线圈、晶体管、集成电路、电动机、发电机等。虽然电路元器件种类繁多,但在电磁方面有许多共同之处,如电阻器和电炉,其主要特性是消耗电能,当电流流过时还会产生磁场,具有电感的特性,但在低频状态下,电感特性很弱,可以忽略不计。因此,在分析电路时,为了便于对实际电路进行分析和数学表述,常常将实际电路元器件理想化(模型化),并不需要把元器件的所有物理特性都加以考虑。例如,用一个理想电阻来反映电阻器或电炉消耗电能的特性,抽掉了这些实际部件的外形、尺寸等特点,只抓住了它们消耗电能的共性。

2. 理想电路元件

理想电路元件又称为实际元器件的理想化模型,是指具有单一物理特性的假想元件。它是对实际电路及其部件的模型化处理,其目的是便于用数学的方法分析和设计电路。

基本的理想电路元件有电阻、电感、电容、电源和导线(电阻为零)等。图1-2为理想电路元件的电路符号。

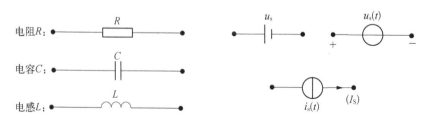

图1-2　理想电路元件的电路符号

　　理想电路元件是通过端子与外部相连接的,根据端子的数目可分为二端元件、三端元件、四端元件等多端元件。在电路理论中,所研究的电路和元件,都是反映实际电路及其部件主要电磁性能的抽象模型(model)。

　　3. 电路模型图

　　将电路中各实际部件用理想电路元件的符号表示,形成的电路图称为实际电路的电路模型图,也称为电路原理图。电路模型图由理想电路元件相互连接而成,理想电路元件是组成电路模型图的最小单元,各理想电路元件的端子用“理想导线”连接。如图 1 - 1 所示,R 表示灯泡,S 表示开关,Us 表示干电池的电动势,筒体用理想开关和没有电阻的理想导线表示。图 1 - 1(b)是图 1 - 1(a)的电路模型。

　　实际元器件种类繁多,在一定的工作条件下,理想电路元件及它们的组合足以模拟实际电路中部件、器件发生的物理过程。因此,用电路元件建立电路模型,大大简化了电路的分析,给实际电路的分析带来了方便。本书讨论的对象不是实际电路而是电路模型。

　　4. 集总元件与集总参数电路

　　在电路中,通有电流的导体(或半导体)总会由于发热而损耗电能,用电阻参数反映热能量损耗。同时,电路中有电流就有磁场,有电压就有电场,因此当电路工作时,电路周围同时存在电场能和磁场能。用电容和电感参数分别反映电场和磁场储能性质。实际电路中的能量损耗和电场储能、磁场储能具有连续分布的特性,故反映这些能量过程的三种电路参数,往往交织在一起并发生在整个元器件中。

　　集总参数元件(集总元件),是指将电路中的热能损耗、电场储能和磁场储能三种过程分别集中在电阻元件、电容元件和电感元件中,且每一种元件只表示一种基本现象,彼此不存在相互作用。由这些理想的集总参数元件构成的电路称为集总参数电路。集总参数电路中任意两点间电压的数值,在任一瞬时,是完全确定的。

　　用集总参数电路模型描述实际电路是有条件的,要求实际电路的尺寸(导线的长短)远小于电路工作时电磁波的波长。在这种近似条件下,可以用反映其电磁性质的一些理想电路元件或它们的组合(集总元件或集总参数元件)来模拟实际电路中的元器件。如果不满足这个条件,那么实际电路便不能按集总参数电路处理。本书所涉及的元件均指理想元件,所讨论的电路均为集总参数电路模型,其主要任务是学习电路基本理论,探讨电路的基本定律和定理,讨论电路的各种分析和计算方法。

　　根据情况不同,一个实际电路元件可以抽象成不同形式的集总参数电路,代之以不同形式的集总参数电路模型。例如,一个电感线圈,不同应用条件下的模型如图 1 - 3 所示。

　　在频率很低或直流情况下可用一根理想导线或一个阻值很小的电阻元件作为它的模型,如图 1 - 3(b)所示;如果频率较低,那么其主要物理特性是储存磁场能量,模型可等效为理想电感 L,如图 1 - 3(c)所示;如果该实际电感器的线圈导线中所消耗的电能不容忽略,那么其模型需要等效为一个体现电能消耗的电阻 R 与储存磁场能量的电感 L 相串联,如图 1 - 3(d)所示;但当频率较高时则应考虑电场的影响,这种情况下,实际电感线圈的模型需要等效为图 1 - 3(e)来表示。当其发热损耗很低时,可等效为一个理想电容元件。而当需要考虑发热损耗时,则必须将电容器等效为电阻与电容并联(或串联)的模型。

　　电路理论的研究对象是由电路元件构成的电路模型,无论是简单还是复杂的电路都

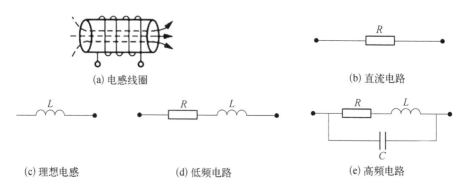

(a) 电感线圈   (b) 直流电路

(c) 理想电感   (d) 低频电路   (e) 高频电路

图 1 - 3　电感线圈不同应用条件下的电路模型

可以通过电路模型充分地描述。一般地说,对电路模型的近似程度要求越高,电路模型越复杂。因此,建立电路模型一般应指明工作条件,如频率、电压、电流、温度范围等。

第二节　电路的基本物理量及单位制

电路分析的基本任务是弄清电路的基本物理量,分析得出给定电路的电性能。这些基本物理量中最常用的是电流、电压和功率。因此,首先理解与这些物理量有关的基本概念是很重要的。

一、电流及其参考方向

1. 电流强度

电荷在电场力的作用下作定向运动形成电流,电流的大小用电流强度来衡量。电流强度(电流)定义为单位时间内通过导体横截面的电荷量,用符号 i 表示。根据定义,有

$$i = \frac{\mathrm{d}q}{\mathrm{d}t} \tag{1-1}$$

如果电流的大小和方向不随时间变化,那么称为恒定电流,简称直流(DC),用大写字母 I 表示。如果电流的大小和方向随时间变化,那么称为交变电流,简称交流(AC),用小写字母 i 表示。

实际电流还可分为传导电流、位移电流等,在电路理论中,把电路中流动的各种电流统称为电流,而不再进一步细分。

在 SI 中,电流的单位为安培(A);在工程上,电流的单位除安培以外,还经常用到千安(kA)、毫安(mA)、微安(μA)等。

换算关系:$1\text{ kA} = 10^3\text{ A}$;$1\text{ mA} = 10^{-3}\text{ A}$;$1\text{ μA} = 10^{-6}\text{ A}$。

2. 电流的参考方向

电流在导线或电路元件中流动的实际方向只有两种可能,如图 1 - 4(a)所示。习惯上规定正电荷定向移动的方向称为电流的实际方向。在简单电路中,电流的实际方向很容易确定,当电路比较复杂时,电路中电流的实际流动方向很难预先判断,有时电流的实际方向还可能不断发生改变,很难在电路中标明电流的实际方向。因此需要引入电流参

考方向(reference direction)的概念。电流参考方向是电流参考正方向(假定正方向)的简称。对电流参考方向需要从以下几个方面理解：

（1）电流参考方向是人为规定的,本书中电路图上所标电流方向均指电流参考方向。

（2）在分析电路时,参考方向可事先选定,并以此为准进行分析和计算。若经计算得出的电流为正值（$i > 0$）,则说明所设参考方向与实际方向一致;若经计算得出的电流为负值（$i < 0$）,则说明所设参考方向与实际方向相反,如图 1-4(b)所示。

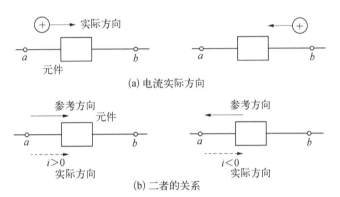

图 1-4　电流参考方向与实际方向

（3）在分析电路时需要先规定参考方向,不标明参考方向时计算某电流值为正或负是没有意义的。

（4）在分析电路时,参考方向可以任意规定,而不影响计算结果。

（5）参考方向一经规定,在整个分析计算过程中就必须以此为准,不能变动。

3. 电流参考方向的标定方式

在分析电路时,电流参考方向有以下两种标定方式。

（1）采用箭头表示,如图 1-5(a)所示。

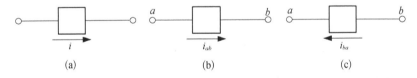

图 1-5　电流参考方向

（2）采用双下标表示,对于图 1-5(a)的电流 i,可用 i_{ab} 表示,如图 1-5(b)所示,指其参考方向由 a 指向 b;也可用 i_{ba} 表示,如图 1-5(c)所示,指其参考方向由 b 指向 a。显然,两者相差一个负号。

二、电压及其参考方向

1. 电压

电路中 a、b 两点间的电压定义为单位正电荷在电场力的作用下由 a 点转移到 b 点时减少的电能,用符号 u_{ab} 表示。根据定义,有

$$u_{ab} \overset{\text{def}}{=\!=} \frac{\mathrm{d}W}{\mathrm{d}q} \qquad (1-2)$$

式中，dq 为由 a 点转移到 b 点的电荷量；dW 为转移过程中电荷减少的电能。

在 SI 中，电压的单位为伏特（V）；在工程上，电压的单位除伏特以外，还经常用到千伏（kV）、毫伏（mV）、微伏（μV）等。

换算关系：$1 \text{ kV} = 10^3 \text{ V}$；$1 \text{ mV} = 10^{-3} \text{ V}$；$1 \text{ μV} = 10^{-6} \text{ V}$。

2. 电压的参考方向

电压的实际方向规定为从高电位指向低电位，即电位降的方向。与电流类似，在简单电路中，电压的实际方向很容易确定，当电路比较复杂时，电路中电压的实际方向很难预先判断。因此，在分析与计算电路时，必须事先规定某一方向作为电压数值为正的方向，称为参考方向。

在分析电路时，电压的参考方向可事先任意选定，并以此为准进行计算。若经计算得出的电压为正值（$u > 0$），则说明所设参考方向与实际方向一致；若经计算得出的电压为负值（$u < 0$），则说明所设参考方向与实际方向相反。电压值的正与负，只有在设定参考方向的前提下才有意义。

3. 电压参考方向的标定方式

在分析电路时，电压参考方向有以下三种表示方式：

（1）采用正负参考极性表示，如图 1 - 6(a) 所示。在电路图上标出正(+)、负(-)极性。当表示电压的参考方向时，标以电压符号 u，这时正极指向负极的方向就是电压的参考方向。

（2）采用箭头表示，如图 1 - 6(b) 所示。用箭头表示在电路图上，并标以电压符号 u。

（3）采用双下标表示，如图 1 - 6(c) 所示。如 u_{ab} 表示电压的参考方向是由 a 指向 b；e_{ba} 表示电动势的参考方向是由 b 指向 a。

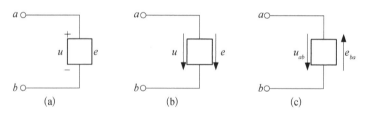

图 1 - 6　电压的参考方向

三、电压与电流的关联参考方向

对一个元件（一段电路）而言，电流参考方向和电压参考方向可以分别独立选定。但为了分析方便，常使同一元件的电流参考方向与电压参考方向一致，即电流从电压的正极性端流入该元件而从它的负极性端流出，如图 1 - 7(a) 所示。这时，该元件的电流参考方向与电压参考方向是一致的，称为关联（associated）参考方向。反之，则称为非关联参考方向，如图 1 - 7(b) 所示。

(a) u、i 关联参考方向　　　　　　(b) u、i 非关联参考方向

图 1 - 7　电压和电流参考方向

四、国际单位制词头

国际单位制由 SI 单位、SI 词头、SI 单位的十进倍数和分数单位三部分构成。在 SI 中,词头表示单位的倍数和分数,有 20 个,根据《中华人民共和国法定计量单位》规定,我国使用的词头如表 1-1 所示。

表 1-1　国际单位制(SI)倍数和分数词头表

所代表的因数	词头名称		词头符号	所代表的因数	词头名称		词头符号
10^{24}	尧(它)	yotta	Y	10^{-1}	分	deci	d
10^{21}	泽(它)	zetta	Z	10^{-2}	厘	centi	c
10^{18}	艾(可萨)	exa	E	10^{-3}	毫	milli	m
10^{15}	拍(它)	peta	P	10^{-6}	微	micro	μ
10^{12}	太(拉)	tera	T	10^{-9}	纳(诺)	nano	n
10^{9}	吉(咖)	giga	G	10^{-12}	皮(可)	pico	p
10^{6}	兆	mega	M	10^{-15}	飞(母托)	femto	f
10^{3}	千	kilo	k	10^{-18}	阿(托)	atto	a
10^{2}	百	hecto	h	10^{-21}	仄(普托)	zepto	z
10^{1}	十	deca	da	10^{-24}	幺(科托)	yocto	y

注:括号内的字可在不致混淆的情况下省略。

五、电功率和电能

1. 电功率(功率)

电功率是指电能转换的速率,用符号 p 表示。

根据定义,有

$$p = \frac{\mathrm{d}W}{\mathrm{d}t} = \frac{\mathrm{d}W}{\mathrm{d}q} \frac{\mathrm{d}q}{\mathrm{d}t} = ui \tag{1-3}$$

在 SI 中,功率的单位为瓦特,符号为 W。其意义即当元件端电压为 1 V,通过电流为 1 A 时,该元件吸收功率为 1 W。

常用单位:兆瓦(MW)、千瓦(kW)、毫瓦(mW)等。

2. 功率的计算

若电压和电流的参考方向是相关联方向,则式(1-3)带正号,一段电路(或元件)的功率为

$$p = ui \quad 或 \quad P = UI \tag{1-4}$$

若电流与电压为非关联参考方向,则式(1-3)带负号,一段电路(或元件)的功率为

$$p = -ui \quad 或 \quad P = -UI \tag{1-5}$$

在计算功率时必须考虑电压和电流的参考方向,并注意公式的正负号。

3. 功率的正负及其意义

(1)若经计算得出的功率为正值($p > 0$),则表示这部分电路吸收(消耗)功率,在电

路中,此元件可以作为负载看待。

（2）若经计算得出的功率为负值（$p<0$），则表示这部分电路提供（产生）功率,此功率供给电路的其余部分,在电路中,此元件可以作为电源看待。

4. 电能

电能是功率对时间的积分,根据式（1-3）,从 $t_0 \sim t$ 时间内,电路吸收（消耗）的电能为

$$W = \int_{t_0}^{t} p\mathrm{d}t \qquad (1-6)$$

在 SI 中,电能的单位是焦耳,符号为 J。在工程上,还采用 kW·h（千瓦时）作为电能的单位：1 kW·h $= 3.6 \times 10^6$ J $= 3.6$ MJ,是指 1 kW 的用电设备在 1 h（3 600 s）内消耗的电能,简称 1 度电。

5. 额定值

各种电气器件（电灯、电烙铁、电阻器等）都有一定的量值限额,称为额定值,包括额定电压、额定电流和额定功率。

例 1-1 图 1-8 为直流电路,$U_1 = 3$ V,$U_2 = -9$ V,$U_3 = 5$ V,$I = 3$ A。求各元件吸收或提供的功率 P_1、P_2 和 P_3,并求整个电路的功率 P。

解： 元件 1 的电压参考方向与电流参考方向相关联,故有

$$P_1 = U_1 I = 3 \times 3 = 9(\mathrm{W})(吸收)$$

元件 2 和元件 3 的电压参考方向与电流参考方向非关联,故有

$$P_2 = -U_2 I = -(-9) \times 3 = 27(\mathrm{W})(吸收)$$

$$P_3 = -U_3 I = (-5) \times 3 = -15(\mathrm{W})(提供)$$

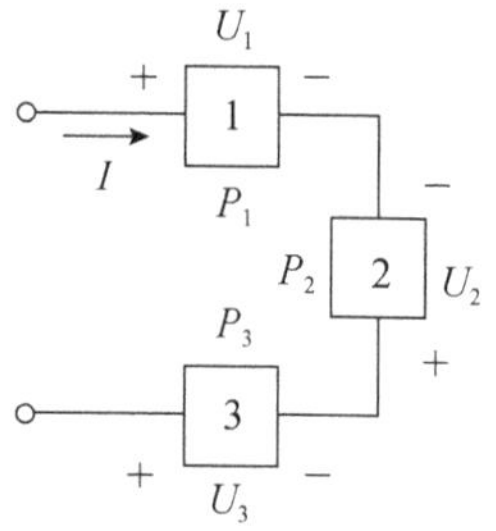

整个电路的功率为

$$P = P_1 + P_2 + P_3 = (9 + 27 - 15) = 21(\mathrm{W})(吸收)$$

图 1-8 例 1-1 电路

例 1-2 已知某实验室有额定电压 220 V、额定功率 100 W 的白炽灯 24 盏,另有额定电压 220 V、额定功率 4 kW 的电炉两台,都在额定状态下工作。试求总功率、总电流和在 2 h 内消耗的总电能。

解： 总功率为

$$P = 100 \times 24 + 4\,000 \times 2 = 10\,400(\mathrm{W}) = 10.4(\mathrm{kW})$$

总电流为

$$I = \frac{P}{U} = \frac{10\,400}{220} = 47.3(\mathrm{A})$$

总电能为

$$W = Pt = 10.4 \times 2 = 20.8(\mathrm{kW \cdot h})$$

第三节　线性电阻及欧姆定律

一、伏安特性

电路是由元件连接组成的,研究电路时必须了解各电路元件的特性。表示元件特性的数学关系称为元件约束(约束方程)。电阻元件是最常见的电路元件之一,它是一个二端元件,二端元件的端钮电流、端钮间的电压分别称为元件电流、元件电压。电阻元件的特性可以用元件电压、元件电流的代数关系表示,这个关系称为电压电流关系(volage-current relationship,VCR)。由于电压、电流的 SI 单位是伏[特]和安[培],所以电压电流关系也称为伏安特性,在 u-i 坐标平面上表示元件电压电流关系的曲线称为伏安特性曲线。

二、线性电阻

若电阻的电压电流关系不随时间变动,则称为时不变电阻,否则,称为时变电阻。若伏安特性曲线是通过坐标原点的直线,则这种电阻元件称为线性电阻元件。在该直线上任一点的电压电流之比等于该直线的斜率 $\tan a$,它是一个与电压、电流无关的常数(R),如图 1-9(a)所示。

电压与流过的电流不满足线性关系的,称为非线性电阻。非线性电阻的伏安特性是一条曲线,如图 1-9(b)所示。

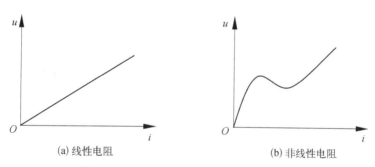

(a) 线性电阻　　　　　　　　　　(b) 非线性电阻

图 1-9　电压与电流之间的 u-i 关系曲线

在 SI 中,电阻的单位为欧姆(Ω),在工程上还有千欧(kΩ)、兆欧(MΩ),换算关系为 $1\ \text{k}\Omega = 10^3\ \Omega$,$1\ \text{M}\Omega = 10^6\ \Omega$。

三、欧姆定律及公式表示

线性电阻的伏安关系称为欧姆定律(Ohm's law),欧姆定律中电阻的伏安特性也采用实验的方法测得,如图 1-9(a)所示,欧姆定律只适用于线性电阻。

若线性电阻电压和电流的参考方向是相关联方向,如图 1-10(a)所示,则欧姆定律的公式为正。

若线性电阻电流与电压为非关联参考方向,如图 1-10(b)所示,则欧姆定律的公式带负号。

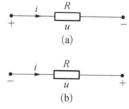

图 1-10　线性电阻电压与电流之间的关系

$$u、i \text{ 关联：} u = Ri \quad 或 \quad i = \frac{u}{R} \tag{1-7}$$

$$u、i \text{ 非关联：} u = -Ri \quad 或 \quad i = -\frac{u}{R} \tag{1-8}$$

四、电导及欧姆定律的另一种形式

1. 电导

线性电阻的倒数称为电导(conductance)，用 G 表示。

$$G = \frac{1}{R} \tag{1-9}$$

在 SI 中，电导的单位是西门子，简称 S(西)。

2. 欧姆定律的另一种形式

由图 1-11 得

$$u、i \text{ 关联：} i = Gu \tag{1-10}$$

同理，

$$u、i \text{ 非关联：} i = -Gu \tag{1-11}$$

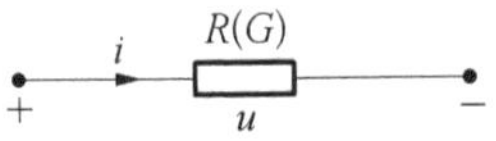

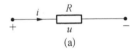

图 1-11　电导、电压与电流之间的关系

五、电阻的功率计算

无论电压和电流的方向是否关联，任何时刻线性电阻元件吸收的电功率如图 1-12 所示。

$$p = \begin{cases} ui = Ri^2 = Gu^2 & (u、i \text{ 关联}) \\ -ui = -(-Ri)i = Ri^2 & (u、i \text{ 非关联}) \end{cases} \tag{1-12}$$

图 1-12　线性电阻的功率计算

$p = Ri^2 \geq 0$，因此电阻总是吸收功率，消耗电能。

例 1-3 已知 $u_1 = 1\,\text{V}$，$i_1 = 2\,\text{A}$，$u_2 = -3\,\text{V}$，$i_2 = 1\,\text{A}$，$u_3 = 8\,\text{V}$，$i_3 = -1\,\text{A}$，$u_4 = -4\,\text{V}$，$u_5 = 7\,\text{V}$，$u_6 = -3\,\text{V}$。求 u_{ab} 和 u_{ad} 及各段电路的功率并指明吸收或提供功率。

解： $u_{ab} = u_{ac} + u_{cb} = -u_1 + u_2 = -(1) + (-3) = -4\,(\text{V})$

$u_{ab} = u_b = -3\,(\text{V})$

$p_1 = -u_1 i_1 = -2\,(\text{W}) < 0(\text{提供})$

$p_2 = u_2 i_1 = -6\,(\text{W}) < 0(\text{提供})$

$p_3 = u_3 i_1 = 16\,(\text{W}) > 0(\text{吸收})$

$p_4 = u_4 i_2 = -4\,(\text{W}) < 0(\text{提供})$

$p_5 = u_5 i_3 = -7\,(\text{W}) < 0(\text{提供})$

$p_6 = u_6 i_3 = 3\,(\text{W}) > 0(\text{吸收})$

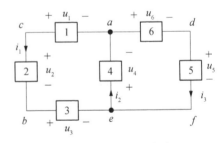

图 1-13　例 1-3 电路

六、开路与短路

1. 开路

若一个二端元件不论其电压多大，其电流恒等于 0，则此元件称为开路(断路)。在开

路状态下,电源输出电流为零,负载上的电压和电流都为零。也可认为电路中 $R = \infty$ 或 $G = 0$。

2. 短路

若一个二端元件不论其电流多大,其电压恒等于 0,则此元件称为短路。可认为电路中 $R = 0$ 或 $G = \infty$。

开路(open circuit)与短路(short circuit)是电路中两个值得注意的特殊情况。当电路中的电源两端因为某种原因处于短路状态时,负载不消耗功率,电源发出的功率全部消耗在内阻上,由于一般的实际电源内阻很小,所以短路电流很大,以致损坏电源,甚至引起火灾。因此,短路是一种严重的事故状态,应该尽量避免。

为了防止因为短路造成的电源和电气设备的损坏,通常在电路中接入熔断器或自动断路器,以便在发生短路的时候迅速将故障电路自动切断。

第四节　独立源与受控源

一、独立源

独立源是指电源输出的电压(电流)仅由电源本身性质决定而与电路中其余部分的电压(电流)无关。独立源分为独立电压源和独立电流源。

1. 独立电压源(理想电压源)

(1)理想电压源。不论外部电路如何变化,若一个二端元件输出电压恒定,则称为理想电压源(恒压源),简称电压源。电路符号及伏安特性曲线如图 1-14 所示。

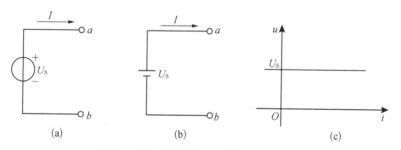

图 1-14　电压源符号与伏安特性曲线

(2)基本性质。电压源的两个基本性质:① 输出电压恒定,与外电路无关;② 其流过的电流由外电路决定。

若一个电压源的电压 $u_s = 0$,则此电压源的伏安特性曲线为与电流轴重合的直线,它相当于短路。在实际应用中,电压源不允许短路。

电压源一般在电路中提供功率,但是,有时也从电路中吸收功率,可以根据电压、电流的参考方向,应用功率计算公式,由计算功率的正负判定。

例 1-4　已知电压源的电压、电流的参考方向如图 1-15 所示。求电压源的功率,并说明是提供功率还是吸收功率。

解： 由图 1－15(a)可知，电压、电流为非关联参考方向，有

$$p = -ui = -2 \times 2 = -4(\text{W}) \quad (p < 0，\text{电压源提供功率})$$

由图 1－15(b)可知，电压、电流为关联参考方向，有

$$p = ui = (-3) \times (-3) = 9(\text{W}) \quad (p > 0，\text{电压源吸收功率})$$

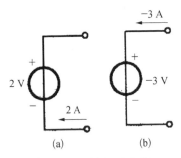

图 1－15　例 1－4 电路

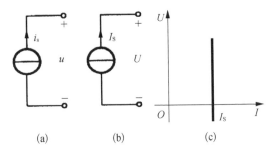

图 1－16　电流源符号与伏安特性曲线

2. 独立电流源(理想电流源)

(1) 理想电流源：若一个二端元件的输出电流恒定，则称为理想电流源(恒流源)，简称电流源。电路符号及伏安特性曲线如图 1－16 所示。

(2) 基本性质。电流源的两个基本性质：① 输出电流恒定，与外电路无关；② 其端电压由外电路确定。

若一个电流源的电流 $i_s = 0$，则此电流源的伏安特性曲线为与电压轴重合的直线，它相当于开路。在实际应用中，电流源不允许开路。

与电压源类似，电流源可向电路提供功率，也可从电路中吸收功率。在实际中，需要根据电压、电流的参考方向，应用功率计算公式，由计算功率的正负判定。

例 1－5　如图 1－17 所示，已知电压源的电压和电流源及参考方向。求电压源、电流源的功率，并说明是提供功率还是吸收功率。

解： 由图 1－17 可知，电流源上电压与电流为关联参考方向，有

$$P = U_S I_S = 10 \times 10 = 100(\text{W}) > 0$$

（电流源吸收功率）

图 1－17　例 1－5 电路

电压源上电压与电流为非关联参考方向，有

$$P' = -U_S I_S = -10 \times 10 = -100(\text{W}) < 0 \quad （\text{电压源提供功率}）$$

二、受控源及分类

若一个电源的输出电压(电流)受到电路中其他支路的电压(电流)控制，则称为受控源(controlled source)，又称"非独立"电源。

受控源的结构如图 1－18 所示，是一个由两条支路

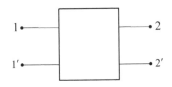

图 1－18　受控源的结构

（1-1′支路——控制支路,2-2′支路——被控支路）构成的二端口（四端网络）元件。一对为输入端钮（控制端口）,施加控制量;一对为输出端钮（受控端口）,即对外提供电压或电流的端钮。受控源在电路中用菱形符号表示,以区别于独立源的图形符号。

根据控制量是电压还是电流,受控的是电压源还是电流源,受控源分为电压控制电压源（VCVS）、电流控制电压源（CCVS）、电压控制电流源（VCCS）及电流控制电流源（CCCS）四种类型。受控源电路如图1-19所示。

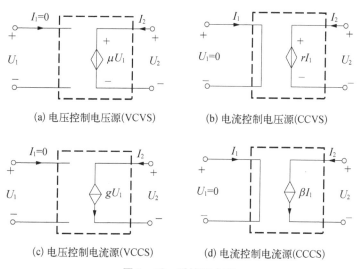

(a) 电压控制电压源(VCVS)　　(b) 电流控制电压源(CCVS)

(c) 电压控制电流源(VCCS)　　(d) 电流控制电流源(CCCS)

图1-19　受控源电路

当电路不能只用独立源和电阻元件组成的模型表示时,引入新的理想化模型电路元件（受控源）,该模型将控制支路与被控支路耦合起来,反映电路内不同支路电压（电流）之间的受控关系。受控源具有电源与电阻的二重性,输出量的性质根据电路符号判断。如电子管的输出电压受输入电压的控制,晶体管集电极电流受基极电流的控制,这类电路元件都可以用受控源描述其工作性能。

三、独立源与受控源比较

独立源的特性是能独立地向网络提供能量和信号并产生相应的响应,而不受电路中其他部分的电压或电流控制;受控源在电路中虽然也能提供能量和功率,但其提供的能量和功率不仅取决于受控支路,而且还受到控制支路的影响。

受控源的主要特点是输出电压（电流）受到电路中其他支路的电压（电流）控制,在含有受控源的电路中,当独立源为零或不存在时,受控源的电压或电流也为零。因此,受控源不能作为电路独立的激励。

第五节　基尔霍夫定律

基尔霍夫定律（Kirchhoff's laws）是德国物理学家基尔霍夫（Kirchhoff）（1824～1887年）于1845年提出的。基尔霍夫定律包括基尔霍夫电流定律和基尔霍夫电压定律,是电路中电压和电流所遵循的基本规律,也是分析和计算较为复杂电路的基础。

一、几个常用术语

支路:电路中通过同一电流的分支称为支路。图1-20电路中包含 acb、adb 和 ab 三条支路,其中 acb、adb 称为含源支路,ab 称为无源支路。

节点:两条或两条以上支路的连接点称为节点。如图1-20所示,共有 a、b 两个节点,而 c、d 不是节点。

回路:由一条或多条支路组成的闭合路径称为回路。如图1-20所示,共有三个回路:$abca$、$adba$、$cbdac$。

网孔:不包含支路的回路称为网孔。如图1-20所示,共有两个网孔:$abca$、$adba$,因为 $cbdac$ 回路中包含了支路 ab,所以 $cbdac$ 回路称为回路而非网孔。

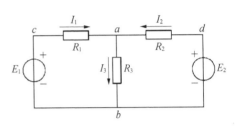

图1-20 电路名词说明

网络:指复杂电路。

二、基尔霍夫电流定律

1. 基本内容

基尔霍夫电流定律(Kirchhoff's current law,KCL)又称为节点电流定律,其内容表述为:电路中任何一个节点,所有支路电流的代数和等于零,即对任一节点有

$$\sum i = 0 \qquad (1-13)$$

基尔霍夫电流定律还可表述为:任一时刻,电路中任一节点,流入节点的电流之和等于流出节点的电流之和,即对任一节点有

$$\sum_{流入} i(t) = \sum_{流出} i(t) \qquad (1-14)$$

2. 电流正负号规定

电流的正负号通常规定为:若参考方向流入节点为负,则流出节点为正。在公式中,若是流出节点,则该电流前面取"+";相反,该电流前面取"-"。

如图1-21所示,节点的KCL方程为

$$-i_1 + i_2 + i_3 - i_4 + i_5 = 0$$
$$\Rightarrow i_1 + i_4 = i_2 + i_3 + i_5$$

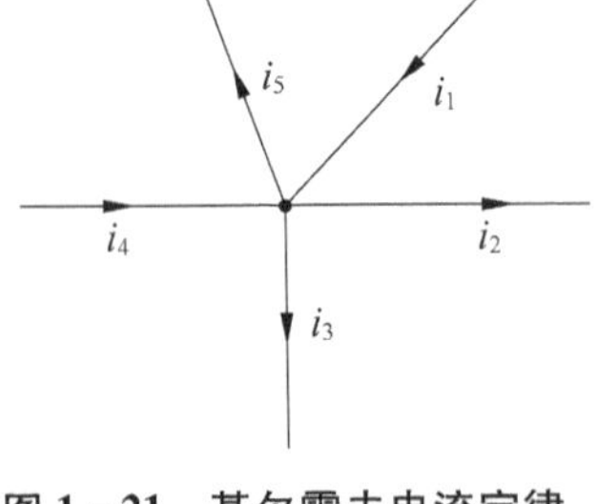

图1-21 基尔霍夫电流定律

3. 物理实质

基尔霍夫电流定律的物理实质是电流连续性原理。

4. 基尔霍夫电流定律的推广应用

在任一时刻,通过任何一个闭合面的电流的代数和也恒等于零,即流入任一闭合面的电流和流出该闭合面的电流相等,如图 1-22 所示。

节点→封闭面(广义节点)

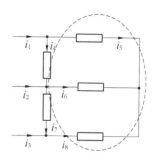

$$\begin{cases} -i_1 + i_4 + i_5 = 0 \\ -i_2 - i_4 + i_6 + i_7 = 0 \\ -i_3 - i_7 + i_8 = 0 \\ -i_5 - i_6 - i_8 = 0 \end{cases} \Rightarrow -i_1 - i_2 - i_3 = 0$$

图 1-22　KCL 推广应用

三、基尔霍夫电压定律

基尔霍夫电压定律(Kirchhoff's voltage law, KVL)用来确定回路中各段电压间的关系。

1. 基本内容

任一时刻,在任一回路中,若从任何一点以顺时针或逆时针方向沿回路循环一周,则所有支路或元件电压的代数和等于零,即对任一回路有

$$\sum u_k = 0 \tag{1-15}$$

其中, u_k 表示第 k 条支路或第 k 个元件的电压。

2. 电压正负号规定

电压正负号的规定:指定回路参考方向(绕行方向),当电压参考方向与回路参考方向一致时电压带正号,反之带负号。

按照电压的参考方向列写方程,先要设定回路的绕行方向,列方程前标注回路绕行方向,如顺时针方向,如图 1-23 所示。凡当支路电压的参考方向与回路的绕行方向一致时,应在电压前面取"+"号;当支路电压的参考方向与回路绕行方向相反时,应在电压前面取"-"号。

对于图 1-23 中的回路,KVL 方程为

$$u_1 - u_2 - u_3 + u_4 = 0$$

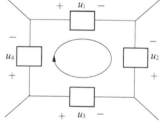

图 1-23　基尔霍夫电压定律
用于回路图

3. 物理实质

基尔霍夫电压定律实际上是电路中两点间的电压大小与路径无关这一性质的体现。

4. 基尔霍夫电压定律的推广应用

基尔霍夫电压定律不仅适用于闭合回路,也可以推广应用到回路的部分电路,用于求回路中的开口电压。在集总参数电路中,任意两点(如 p 和 q)之间的电压 u_{pq} 等于沿从 p 到 q 的任一路径上所有支路电压的代数和。对任一路径有

$$u_{pq} = \sum_{\substack{\text{沿由 } p \text{ 到 } q \text{ 的} \\ \text{任一路径}}} u(t) \tag{1-16}$$

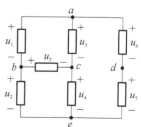

例 1-6　如图 1-24 所示,已知 $u_1 = 8\ \text{V}$, $u_2 = -3\ \text{V}$, $u_3 = 6\ \text{V}$, $u_7 = 2\ \text{V}$。求 u_5、u_6 和 u_{cd}。

图 1-24　例 1-6 电路

解： 由图 1-24 可见

$$u_5 = u_{bc} = u_{ba} + u_{ac} = -u_1 + u_3 = -2(\text{V})$$

由于 $u_6 = u_{ad}$，沿 a、b、e、d 路径，得

$$u_6 = u_{ad} = u_{ab} + u_{be} + u_{ed} = u_1 + u_2 - u_7 = 3(\text{V})$$

$$u_{cd} = u_{ca} + u_{ad} = -u_3 + u_6 = -3(\text{V})$$

或者沿路径 c、a、b、e、d，得

$$u_{cd} = u_{ca} + u_{ab} + u_{be} + u_{ed} = -u_3 + u_1 + u_2 - u_7 = -3(\text{V})$$

基尔霍夫电流定律和基尔霍夫电压定律是集总参数电路的基本规律。

基尔霍夫定律和元件的伏安关系称为电路的两类约束，是分析所有电路的基础。其中基尔霍夫定律反映了电路作为一个整体所服从的规律；元件的伏安关系反映了电路中各元件的特点。

基尔霍夫电流定律描述电路中任一节点处各支路电流的约束关系；基尔霍夫电压定律描述在电路的任一回路中，各支路电压的约束关系。基尔霍夫定律不仅适用于直流电路的分析，也适用于交流电路的分析；不仅适用于线性电路，也适用于非线性电路；不仅适用于时不变电路，也适用于时变电路。当运用基尔霍夫定律进行电路分析时，仅与电路的连接方式有关，而与构成该电路的元器件的性质无关。

电路中所有的电压、电流都受两类约束支配，因此，可应用这两类约束列方程来求解电路。应用基尔霍夫定律和元件的伏安关系列方程求解各支路电压、电流进而求解电路中其他电量的方法称为支路法。它是计算复杂电路的最基本方法。

第六节　电路中的电位及习惯画法

一、电路中的电位概念

在物理学中，电位定义为电场力移动单位正电荷从某点到参考点所做的功。

电路中某点的电位值等于该点与参考点之间的电压。用单下标表示，如 V_a 或 V_b。

在计算电位之前，必须先选定电路中的电位参考点，该点的电位称为参考电位，通常参考电位设为零，并用符号"⊥"或"⏚"表示。电路中其他各点的电位都同参考电位进行比较，比参考电位高的为正，比参考电位低的为负，正值越大电位越高，负值越大电位越低。

电路中的参考点可任意指定。在同一电路中，参考点选的不同，各点的电位也随之变化。通常选择大地或电气设备的机壳为参考点，电路分析中也常以多条支路的连接点作参考点。

分析电路中的电位，必须以某一点作为参考点。参考点一经选定，电路各点电位的计算及测量均以该点为准。当电路没有选定参考点时，讨论某点的电位及其正负是没有意义的。

电路的工作状态可以通过电路中各节点的电位反映。在分析电路时也经常要用到节点电位的概念。电气设备调试和检修的一个主要方法就是测量各点的电位值，以判断其是否符合设计要求。

例 1-7　电路如图 1-25 所示,分别选 a、b 为参考点。

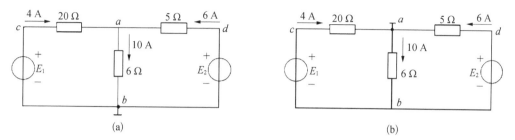

图 1-25　电路中不同参考点举例

(1) 计算 a、b、c、d 各点的电位。

(2) 计算 U_{cb}、U_{db}。

解：在图 1-25(a)中选 b 点为参考点,有

$$V_b = 0$$

$$V_a - V_b = U_{ab}$$

$$V_a = U_{ab} + V_b = 6 \times 10 = +60(\text{V})$$

$$V_c - V_b = U_{cb}$$

$$V_c = U_{cb} + V_b = (20 \times 4 + 10 \times 6) = +140(\text{V})$$

$$V_d - V_b = U_{db}$$

$$V_d = U_{db} + V_b = (5 \times 6 + 10 \times 6) = +90(\text{V})$$

在图 1-25(b)中选 a 点为参考点,有

$$V_a = 0$$

$$V_b = -IR = -60(\text{V})$$

$$V_c = IR = +80(\text{V})$$

$$V_d = +30(\text{V})$$

$$U_{db} = V_d - V_b$$

$$U_{db} = +90(\text{V})$$

$$U_{cb} = V_c - V_b$$

$$U_{cb} = +140(\text{V})$$

从例题得出如下结论：

(1) 电位值是相对的,参考点选取的不同,电路中其他各点的电位也将随之改变。

(2) 电路中两点间的电压值是固定的,不会因参考点的不同而改变,即与零电位参考点选取无关。

二、电路中电源的习惯画法

为了简化电路,当电位参考点选定后,电路中的电源可以不画出,具体做法是：电源

与参考点相连的一端不画,另一端标出极性,写出电位值。这是工程上电路中电源的习惯画法,如图 1-26 所示。其中,图 1-26(b)、(c)为图 1-26(a)的习惯画法。

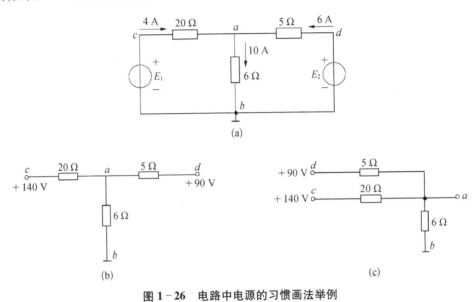

图 1-26 电路中电源的习惯画法举例

第七节 应用实例:人体的电现象及电流对人体的作用

一、人体的电现象

人体和动物组织在静止状态和活动状态都会产生与生命状态密切相关的有规律的电现象。生物电现象是"生命的火花"。一旦生命活动停止,电现象也随之消失。正常的生物电活动是生物和人体保持生命功能必不可少的条件。生物电是反映人体各种生理状态的重要信息,是人体电子测量中的主要信息来源。

二、人体器官的电位图

1. 心电位与心电图

在正常人体内,由窦房结发出的一次兴奋,按一定的途径和时程,依次传向心房和心室,引起整个心脏的兴奋。在每一个心动周期中,心脏各部分兴奋过程中出现的生物电变化的方向、途径、次序和时间都有一定的规律。这种生物电变化通过心脏周围的导电组织和体液反映到身体表面上来,使身体各部位在每一心动周期中也都发生有规律的生物电变化称为心电位。

将测量电极放置在人体表面的一定部位,记录的心脏电位变化曲线即为临床常规心电图(ECG)。心电图可反映出心脏兴奋的产生、传导和恢复过程中的生物电变化。

2. 脑电图

人有四种脑电波形:α 波、β 波、γ 波、δ 波。在临床上脑电波的频率特性比幅度特性更为重要。正常人处于宁静、休息、清醒状态时,都可以测到 α 波;人在特殊、紧张状态下,所测的 β 波可升到 50 Hz;某些成年人在情绪不好,特别是失望、痛苦、压抑或遇到挫折时,会测得 γ 波;人在熟睡中或严重脑瘫患者,会测得 δ 波。

临床用双极或单极记录方法在头皮上观察大脑层的电位变化,记录到的脑电波称为脑电图(EEG)。

脑皮层表面的脑电波强度(相对于参考电极的描记)可以达到 10 mV;而从头皮描记的只有 100 μV 的较小振幅,一般 10~50 μV 的频率范围为 0.5~100 Hz。

脑电位测量主要用于脑病灶定位或确定病灶的活动性。临床上借助脑电波改变的特点,来诊断癫痫或探索肿瘤所在的部位。另外,由于诱发脑电位能反映人的智力状况(思维、记忆、注意、随意运动等),所以国内外都开展了对诱发脑电位的研究。

人脑很复杂,脑电位波形中含有许多尚未被人们认识的信息,因此对脑电位的临床应用,还有许多待研究的课题。

3. 肌电图

肌肉的生物电活动形成的电位随时间变化的波形称为肌电图(EMG)。肌电活动是一种快速的电位变化,它的振幅为 20 μV 到几毫伏,频率为 2 Hz~10 kHz。

人体部分器官的生理电信号参数如表 1-2 所示。

表 1-2　人体部分器官的生理电信号特征表

生理电信号	典型幅度范围	典型频率范围
心电(ECG)	50 μV~5 mV	0.05~100 Hz
脑电(EEG)	2~200 μV	0.5~100 Hz
肌电(EMG)	20 μV~10 mV	10 Hz~2 kHz
眼电(EOG)	10 μV~4 mV	0.1~100 Hz
胃电(EGG)	10 μV~1 mV	0~1 Hz

以上反映出人体生理和生化变化的信号或参量大多是微弱的,所以人体医学测量属于弱信号测量范畴,要求测量系统的灵敏度高、分辨力强、抑制噪声和抗干扰能力强。

三、人体器官的电阻特性

人体组织呈现一定的电阻抗特性,这是由于细胞内外液中电解质离子在电场中移动时,通过黏滞的介质和狭小的管道等引起的。实验证实,在低频电流下,生物结构具有更复杂的电阻性质。从电压-电流关系分析可知,细胞膜的变阻作用可等效为非线性的对称元件。人体组织和器官的电阻抗差异较大,几种组织的电阻率和电导率如表 1-3 所示。

表 1-3　人体组织的部分电阻特性表

组织名称		电阻率/(Ω·m)	电导率/(S/m)	组织名称		电阻率/(Ω·m)	电导率/(S/m)
心肌	有血	207~224	—	脑	灰质	480	—
	无血	—	50~107		白质	750	—

（续表）

组织名称		电阻率/ （Ω·m）	电导率/ （S/m）	组织名称	电阻率/ （Ω·m）	电导率/ （S/m）
肺	呼气	401	5～55	肝	500～672	6～90
	吸气	744～766	—	脾	630	—
乳房	正常	430	—	骨骼肌	470～711	58～90
	乳癌	170	—	全血	160～230	56～85
肾	髓质	400	—	血清	70～78	105
	皮质	610	—	（0.9%氯化	50	140
	脂肪	1 808～2 205	—	钠对比物）		

通过比较可以看出，人体中血清的电阻率最低，肝、脑等组织的电阻率较高，脂肪的电阻率最高。

四、电流对人体的作用

人体是一种特殊的导电体，呈现出复杂的电阻抗特性，体液、肌肉、骨骼、皮肤及各脏器具有不同的导电能力。当人体经电阻耦合或电容耦合而成为电路的一部分时，就会有电流通过人体，从而可能引起生物热效应、生物刺激效应及兴奋组织（神经和肌肉）的电兴奋和生物化学效应等生理效应。当电流足够强时，热效应可导致阻抗较高的皮肤因温度升高而灼伤、碳化甚至危及生命安全；刺激效应可使组织兴奋、肌肉强直而损伤生理功能；化学效应可引起体液的电解、电泳和电渗现象，影响人体组织的物理和化学性质，导致各种异常生化反应，甚至危及生命安全。不同强度的电流对人体作用产生的效果如表1-4所示。

表1-4　不同强度的电流对人体作用产生的效果表　　　　（单位：mA）

电流	直流		交流有效值			
			50 Hz		1 000 Hz	
	男	女	男	女	男	女
最小感知电流（略有麻感）	5.2	5.3	10	0.7	12	8
无痛苦感电击（肌肉自由）	9	6	1.8	1.2	17	11
有痛苦感电击（肌肉自由）	62	41	9	6	55	37
强电击肌肉值直、呼吸困难	76	51	16	10.5	75	50
有痛苦感不能脱离电源	90	60	23	15	94	63
可能引起室颤	1 300	1 300	1 000	1 000	1 100	1 100
	500	500	100	100	500	500
一定引起室颤	以上电流值的2.75倍					

本 章 小 结

一、知识概要

本章讲述了电路的基本概念与电路定律，包括电路与电路模型的概念，电路的基本物理量,电流、电压的参考方向,电阻元件的伏安关系,理想电源,受控电源,基尔霍夫定律,电路中的电位及习惯画法等。

二、知识重点

　　本章重点为电流、电压的参考方向,理想电源及功率的计算,基尔霍夫电流定律与基尔霍夫电压定律。

三、思维导图

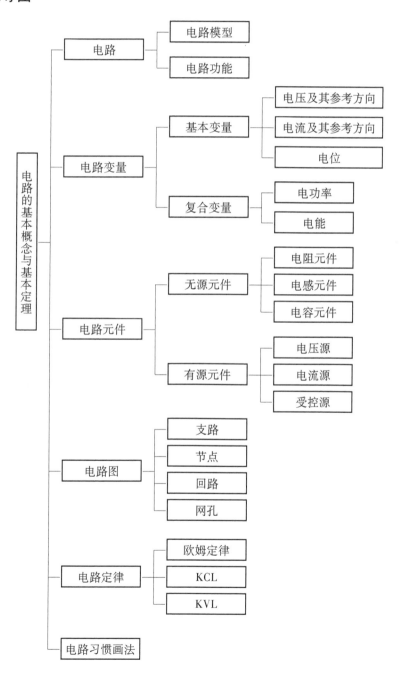

习　题

1-1　根据题 1-1 图所示的参考方向和电压、电流的数值,确定各元件电流和电压的实际方向,并计算各元件的功率,以及说明元件是吸收功率还是发出功率。

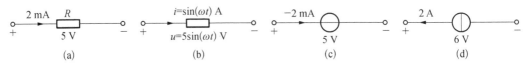

题 1-1 图

1-2　在题 1-2 图所示电路中,试求:

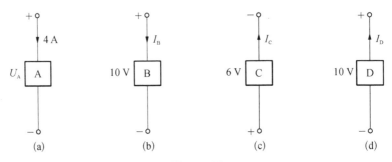

题 1-2 图

(1) 若元件 A 吸收 10 W 功率,求其电压 U_A;

(2) 若元件 B 吸收 -10 W 功率,求其电流 I_B;

(3) 若元件 C 发出 10 W 功率,求其电流 I_C;

(4) 若元件 D 发出 10 mW 功率,求其电流 I_D。

1-3　在题 1-3 图中, $R_1 = R_2 = R_3 = R_4 = 300\ \Omega$, $R_5 = 600\ \Omega$。试求开关 S 断开和闭合时 a 和 b 之间的等效电阻。

1-4　求题 1-4 图中电路各电源发出的功率。

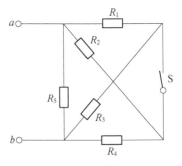

题 1-3 图

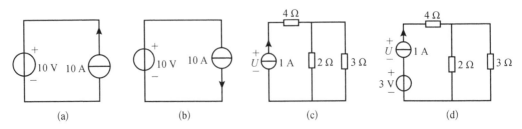

题 1-4 图

1-5 在题 1-5 图中,求各理想电流源的端电压、功率及各电阻上消耗的功率。

1-6 题 1-6 图是某电路的一部分,试分别计算下述两种情况的电压 U_{ab}、U_{bc}、U_{ac} 和 U_{ae}。
(1) 在图示电流参考方向 $I = 1$ A;
(2) 在图示电流参考方向 $I = -2$ A。

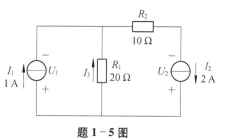

题 1-5 图

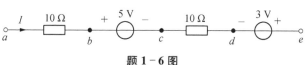

题 1-6 图

1-7 在题 1-7 图所示电路中,已知 $U_1 = 10$ V, $U_{S1} = 4$ V, $U_{S2} = 2$ V, $R_1 = 4\ \Omega$, $R_2 = 2\ \Omega$, $R_3 = 5\ \Omega$。 试计算端子 1、2 开路时流过电阻 R_2 的电流 I_2 和电压 U_2。

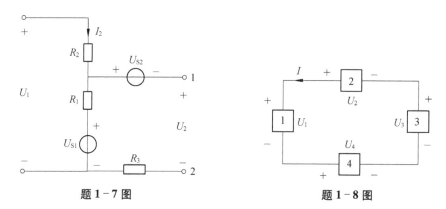

题 1-7 图　　　　　　　　　　题 1-8 图

1-8 在题 1-8 图所示电路中,四个电路元件的电压和回路电流的参考方向如图所示。设电压 $U_1 = 100$ V, $U_2 = -40$ V, $U_3 = 60$ V, $U_4 = -80$ V,电流 $I = -10$ A。
(1) 试标出各元件电压的实际极性及回路电流 I 的实际方向;
(2) 判别哪些元件是电源,哪些元件是负载;
(3) 计算各元件的功率,并验证电路是否功率平衡。

1-9 在题 1-9 图所示电路中,已知 $I_1 = 0.2$ A, $I_2 = 0.3$ A, $I_6 = 1$ A。 试求电流 I_3、I_4 和 I_5。

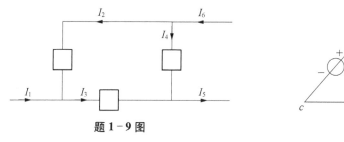

题 1-9 图

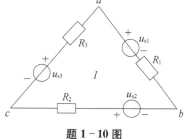

题 1-10 图

1-10 在题 1-10 图电路中,电源 $u_{s1} = u_{s2} = u_{s3} = 2$ V, $R_1 = R_2 = R_3 = 3\ \Omega$。 求 u_{ab}、u_{bc}、u_{ca}。

1-11 如题 1-11 图所示,已知 $U_{S1} = 3\,V$, $U_{S2} = 2\,V$, $R_1 = R_2 = R_3 = R_4 = R_5 = R_6 = 1\,\Omega$,若以 d 点为参考点,求 V_a、V_b 和 V_c。

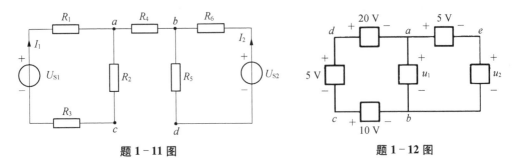

| 题 1-11 图 | 题 1-12 图 |

1-12 如题 1-12 图所示,求 u_1、u_2。

1-13 求题 1-13 图所示电路中,当开关 S 闭合和断开时 b 点的电位。

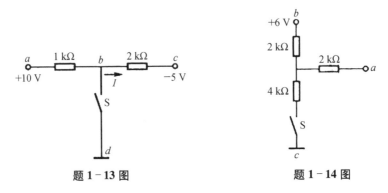

| 题 1-13 图 | 题 1-14 图 |

1-14 求题 1-14 图所示电路中,当开关 S 闭合和断开时 b 点的电位。

参 考 答 案

1-1 (a) 10 mW,吸收功率; (b) $5\sin^2(\omega t)$ W,吸收功率;
(c) −10 mW,发出功率; (d) −12 W,发出功率

1-2 (1) 2.5 V;(2) −1 A;(3) −1.67 A;(4) 1 mA

1-3 (1) 200 Ω;(2) 200 Ω

1-4 (a) $P_{10\,V} = -100\,W$, $P_{10\,A} = 100\,W$; (b) $P_{10\,V} = 100\,W$, $P_{10\,A} = -100\,W$;
(c) $P_{1\,A} = 5.2\,W$; (d) $P_{1\,A} = 2.2\,W$, $P_{3\,V} = 3\,W$

1-5 $P_{I_1} = 20\,W$(吸收), $P_{I_2} = -80\,W$ (提供), $P_{R_1} = 20\,W$(吸收), $P_{R_2} = 40\,W$(吸收)

1-6 (1) $U_{ab} = 10\,V$, $U_{bc} = 5\,V$, $U_{ac} = 15\,V$, $U_{ae} = 22\,V$;
(2) $U_{ab} = -20\,V$, $U_{bc} = 5\,V$, $U_{ac} = -15\,V$, $U_{ae} = -38\,V$

1-7 $I_2 = 1\,A$, $U_2 = 6\,V$

1-8 (1) 省略;(2) 元件 1、2 为电源,元件 3、4 为负载;(3) $P_1 = -1\,000\,W$,

$P_2 = -400\ \text{W}$, $P_3 = 600\ \text{W}$, $P_4 = 800\ \text{W}$

$P_{提供} = 1\,400\ \text{W}$, $P_{吸收} = 1\,400\ \text{W}$,电路的功率平衡。

1-9　$I_3 = 0.5\ \text{A}$, $I_4 = 0.7\ \text{A}$, $I_5 = 1.2\ \text{A}$

1-10　$u_{ab} = 1.33\ \text{V}$, $u_{bc} = -2.66\ \text{V}$, $u_{ca} = 1.33\ \text{V}$

1-11　$V_a = 1\ \text{V}$, $V_b = 1\ \text{V}$, $V_c = 0\ \text{V}$

1-12　$u_1 = -5\ \text{V}$, $u_2 = -10\ \text{V}$

1-13　当 S 闭合时,$V_b = 0\ \text{V}$;当 S 断开时,$V_b = 5\ \text{V}$

1-14　当 S 闭合时,$V_b = 6\ \text{V}$;当 S 断开时,$V_b = 4\ \text{V}$

第二章　电阻电路的等效变换

学习要点

（1）掌握电阻电路的等效变换方法，电阻星形连接与△连接的等效变换方法。掌握无源二端网络的输入电阻。

（2）熟悉电压源与电流源的等效变换方法。

（3）了解分压器、分流器电路与分压、分流的测量方法。

第一节　等效概念与电阻的等效

一、等效概念

由时不变线性无源元件、线性受控源和独立电源组成的电路，称为时不变线性电路，简称线性电路。若构成电路的无源元件均为线性电阻，则称该电路为线性电阻性电路（简称电阻电路）。

当对电路进行分析和计算时，有时可以把电路中某一部分简化，即用一个较为简单的电路替代原电路（也称为等效）。

"等效"在电路理论中是很重要的概念，电路等效变换（equivalent transformation）是电路分析中经常使用的方法。在计算中可把一个复杂的二端网络（对外有两个端钮的网络）用简单的二端网络代替，从而简化计算过程。

电路等效的一般定义：若一个二端网络 N 和另一个二端网络 N' 的伏安关系完全相同，则这两个二端网络对任意的外电路来说是等效的。

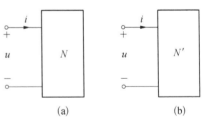

图 2-1　具有相同 VCR 的两部分电路

如图 2-1 所示，电路 N 和 N' 的结构、元件参数可以完全不相同，但它们只要具有相同的 VCR，就是相互等效的，这两个二端网络可以相互代换，代换前的电路和代换后的电路对任意外电路是等效的。

二、电阻连接的等效变换

1. 电阻的串联

如果电路中两个或多个电阻依次首尾连接，中间没有分支，那么这种连接方式称为串联（series connection）。相串联的电阻流过的是同一个电流。图 2-2（a）表示两个电阻串联，设电压、电流参考方向关联，根据欧姆定律、基尔霍夫电压定律可计算出 a、b 两端的电压为相串联的两电阻电压之和。

$$u = u_1 + u_2 = R_1 i + R_2 i = (R_1 + R_2)i = Ri$$
$$R = R_1 + R_2 \tag{2-1}$$

因此，可以根据式（2-1）画出如图 2-2（b）所示的电路。由于图 2-2（a）和图 2-2（b）的两个电路，电压 u 和电流 i 完全相同，所以从电路的外部端钮 a、b 看，电阻 R 和两个串联的电阻 R_1、R_2 效果是相同的。把电阻 R 称为两个串联电阻的等效电阻（equivalent resistor）。

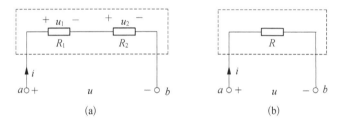

图 2-2　电阻串联及等效电阻

由式（2-1）可以看出：当电阻串联时，其等效电阻等于相串联的电阻之和。这一结论对两个以上电阻的串联亦成立。

电阻串联有分压关系。当两个电阻串联时的分压公式为

$$u_1 = \frac{R_1}{R_1 + R_2}u$$
$$u_2 = \frac{R_2}{R_1 + R_2}u \tag{2-2}$$

同时可得

$$\frac{u_1}{u_2} = \frac{R_1}{R_2} \tag{2-3}$$

由式（2-2）可以看出：电阻串联的分压与电阻值成正比，即电阻值大者分得的电压大。式（2-2）称为电压分配公式，或称为分压公式。若知串联电阻的分电压，则由分压公式也容易求出串联电阻两端的总电压。

对于有 n 个电阻串联的情况，等效电阻为

$$R = \sum_{k=1}^{n} R_k \tag{2-4}$$

2. 电阻的并联

若电路中有两个或多个电阻连接在两个公共的节点之间,则这样的连接方式称为电阻的并联(parallel connection)。并联电阻两端的电压相同。图 2-3(a)是两个电阻相并联的电路,图 2-3(b)是单个电阻 R 的电路。

对于图 2-3(a):

$$i = i_1 + i_2 = \frac{u}{R_1} + \frac{u}{R_2} = \left(\frac{1}{R_1} + \frac{1}{R_2}\right)u$$

对于图 2-3(b):

$$i = \frac{1}{R}u$$

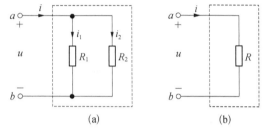

图 2-3 两电阻并联及等效电路

如果让图 2-3(a)和图 2-3(b)的两个电路的电压 u 和电流 i 完全相同,可得

$$\frac{1}{R} = \frac{1}{R_1} + \frac{1}{R_2}$$

即

$$R = \frac{R_1 R_2}{R_1 + R_2} = R_1 /\!/ R_2$$

从电路的外部端钮 a、b 看,两个电阻 R_1、R_2 并联的效果和一个电阻 R 是相同的。因此,把电阻 R 称为两个并联电阻的等效电阻。

电阻并联有分流关系。可得

$$\frac{i_1}{i_2} = \frac{R_2}{R_1} \tag{2-5}$$

式(2-5)表明:电阻并联分流与电阻值成反比,即电阻值大者分得的电流小。当两个电阻并联时的分流公式为

$$i_1 = \frac{R_2}{R_1 + R_2}i$$
$$i_2 = \frac{R_1}{R_1 + R_2}i \tag{2-6}$$

式(2-6)是两个电阻并联时求分流的计算公式,如果已知电阻并联电路中某一电阻上的分电流,那么也可应用欧姆定律及 KCL 方便地求出总电流。

可以证明,如果有 n 个电阻并联,那么其等效电阻的倒数等于相并联各电阻倒数之和,即

$$\frac{1}{R} = \frac{1}{R_1} + \frac{1}{R_2} + \cdots + \frac{1}{R_n}$$

或写成

$$G = \sum_{k=1}^{n} G_k \qquad (2-7)$$

分流公式可以写为

$$i_k = \frac{G_k}{\displaystyle\sum_{k=1}^{n} G_k} \qquad (2-8)$$

式中，i_k 为第 k 个电阻元件的电流。

3. 电阻的混联

当电阻的连接中既有电阻串联又有电阻并联时，称为电阻的串并联（也称为混联电路）。分析混联电路的关键问题是如何判别电阻串、并联关系，这是初学者感到较难掌握的地方。判别混联电阻的串、并联关系一般应先看电路的结构特点，再研究电压、电流关系。同时还可对电路做一些变形，例如，可对部分电路做一些翻转；可以对电路中的短路线任意压缩与伸长；也可以对多点接地点用短路线相连等。

例 2-1　求图 2-4(a)电路中 a、b 间的等效电阻。

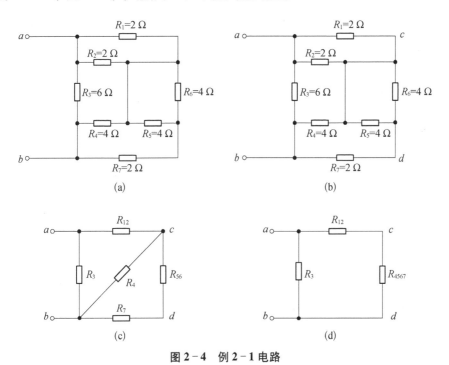

图 2-4　例 2-1 电路

解：为了分析方便，可对图 2-4(a)中的节点做一些标注，如图 2-4(b)所示。从图 2-4(b)中可看出，R_1 和 R_2 并联，R_5 和 R_6 并联，图 2-4(b)可画成图 2-4(c)的形式。其中，

$$R_{12} = \frac{R_1 R_2}{R_1 + R_2} = \frac{2 \times 2}{2 + 2} = 1(\Omega)$$

$$R_{56} = \frac{R_5 R_6}{R_5 + R_6} = \frac{4 \times 4}{4 + 4} = 2(\Omega)$$

在图 2－4(c)中，R_{56} 与 R_7 串联再和 R_4 并联。图 2－4(c)可画成图 2－4(d)的形式。其中，

$$R_{4567} = \frac{R_4 R_{567}}{R_4 + R_{567}} = \frac{4 \times (2 + 2)}{4 + (2 + 2)} = 2(\Omega)$$

可得

$$R_{ab} = \frac{R_3 (R_{12} + R_{4567})}{R_3 + R_{12} + R_{4567}} = \frac{3 \times (1 + 2)}{3 + (1 + 2)} = 1.5(\Omega)$$

第二节 独立源的等效变换

一、电压源的等效变换

1. 理想电压源串联

若几个理想电压源串联,则对外可等效成一个理想电压源,其电压等于相串联理想电压源端电压的代数和。

图 2－5 所示两理想电压源串联,由 KVL 可得其等效电压源电压值为

$$u_s = u_{s1} + u_{s2} \tag{2-9}$$

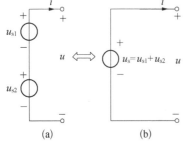

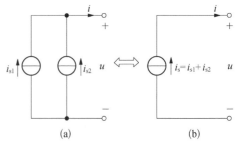

图 2－5 理想电压源串联等效   图 2－6 理想电流源并联等效

2. 理想电流源并联

若几个理想电流源并联,则可等效成一个理想电流源,其等效电流源的输出电流等于相并联理想电流源输出电流的代数和。

如图 2－6 所示两理想电流源并联,由 KCL 可得其等效电流源输出电流值为

$$i_s = i_{s1} + i_{s2} \tag{2-10}$$

3. 任意二端网络与理想电压源并联

任意二端网络与理想电压源并联对外等效为理想电压源,如图2-7所示。如果在图 2-7(a)和图2-7(b)的a、b端钮上同时外接同样的负载,那么负载上的电压和电流应完全相同。

这里注意,"等效"是对虚线框起来的二端电路外部等效,而内部是不等效的。 图2-7中电压源流出的电流i不等于图2-7(a)中电压源流出的电流i'。

这里二端网络N如果是指理想电压源,那么此理想电压源一定要与电压源u_s电压值相等、方向一致。

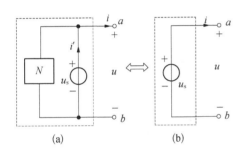

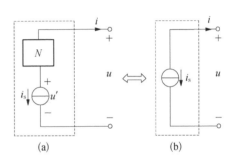

图2-7 任意二端网络与理想   图2-8 任意二端网络与理想
电压源并联等效   电流源串联等效

4. 任意二端网络与理想电流源串联

任意二端网络与理想电流源串联对外均可将其等效为理想电流源,如图2-8所示。 同样如果在图2-8(a)和图2-8(b)的a、b端钮上同时外接同样的负载,那么负载上的 电压和电流应完全相同。

应注意:等效是对虚线框起来的二端电路外部等效,而内部是不等效的。图2-8 (b)中电流源两端的电压u不等于图2-8(a)中电流源两端的电压u'。这里,二端网络N 如果是指理想电流源,那么此理想电流源一定要与理想电流源i_s电流值相等、方向一致。

5. 实际电压源、电流源模型的等效互换

实际电压源、电流源如图2-9所示,在满足一定条件下,这两种电源也是可以对外相 互等效的,根据电路等效的条件,只要图2-9(a)、图2-9(b)的VCR完全相同,这两种电 源对外就相互等效。

图2-9(a)、图2-9(b)表示的电压源和电流源的VCR分别为

$$u = u_s - R_0 i$$

$$u = R_0' i_s - R_0' i$$

可见,如果要让实际电压源、实际电流源等效,那么应满足

$$R_0 = R_0' \tag{2-11}$$

$$u_s = R_0 i_s \tag{2-12}$$

电压源、电流源模型互换等效如图2-10所示。

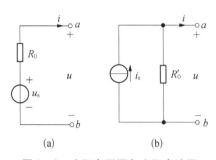 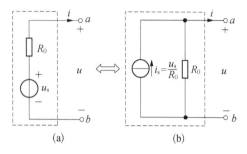

图 2 - 9　实际电压源与实际电流源　　　　图 2 - 10　电压源、电流源模型互换等效

当应用实际电源互换等效分析电路问题时,还应注意以下几点:

(1) 这种等效并不局限于电源模型,我们可以这样总结:电压为 U_S 的理想电压源和电阻串联都可以等效为电流为 $\dfrac{U_S}{R_0}$ 的理想电流源和这个电阻并联。

(2) 电压源和电流源的等效是对外电路而言的,或是对电源输出电流 i、端电压 u 的等效,对电源内部来说是不等效的。图 2 - 10(a)、图 2 - 10(b) 两电路中 a、b 端接相同的负载,两图中的负载电压、电流、功率是完全相同的。但对于内部电路(框内)不等效。如 R_0 上的电流对于图 2 - 10(a):$i_{R_0}=i$;图 2 - 10(b):$i_{R_0}=i_s-i$。如果负载开路,图 2 - 10(a):$i_{R_0}=0$;图 2 - 10(b):$i_{R_0}=i_s$。

(3) 理想电压源和理想电流源之间不能等效,原因是这两种理想电源定义本身是相互矛盾的,二者不会具有相同的 VCR。

(4) 当等效互换时,要特别注意理想电压源的极性和理想电流源的电流方向。

例 2 - 2　求图 2 - 11(a) 电路中的电流 I。

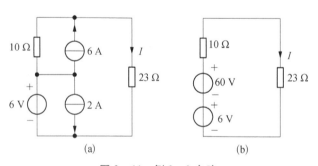

图 2 - 11　例 2 - 2 电路

解:图 2 - 11(a) 中,2 A 电流源与 6 V 电压源并联,对于 23 Ω 电阻,可等效成 6 V 电压源。6 A 电流源与 10 Ω 电阻并联可对外等效成 60 V 电压源与 10 Ω 电阻串联,如图 2 - 11(b) 所示。

可得

$$I=\frac{66}{10+23}=2(\mathrm{A})$$

例 2 - 3　已知图 2 - 12(a) 中,$R_1=10\,\Omega$、$R_2=8\,\Omega$、$R_3=4\,\Omega$、$R_4=2\,\Omega$、$U_S=10\,\mathrm{V}$、$I_S=2\,\mathrm{A}$。求 I_3 及 U_S 产生的功率。

解:当求 I_3 时,R_1 可以断开,R_2 可短接,如图 2 - 12(b) 所示,再经电源的等效互换变

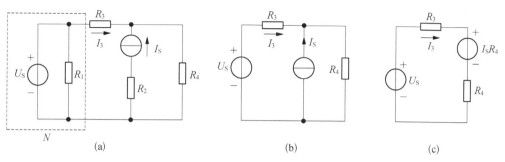

图 2-12　例 2-3 电路

成图 2-12(c)的形式,在图 2-12(c)中可求出 I_3。

$$I_3 = \frac{U_S - I_S R_4}{R_3 + R_4} = \frac{10 - 2 \times 2}{6} = 1(\text{A})$$

当求 U_S 的功率时,R_1 就不能去掉。因为流过 U_S 的电流不仅与图 2-12(a)中 N 之外的电路有关,还与 R_1 有关。

电压源 U_S 产生的功率为

$$P = U_S I_{U_S} = 10 \times \left(\frac{10}{10} + I_3\right) = 20(\text{W})$$

第三节　电阻的 Y 连接与△连接的等效变换

在电路中,有时电阻的连接既非串联又非并联,如图 2-13 所示,很难用电阻的串、并联求节点 1、2 之间的等效电阻。

如图 2-13 所示,电阻 R_1、R_3 和 R_4 为 Y 连接或称星形连接;电阻 R_1、R_2 和 R_3 为△连接或称三角形连接。在 Y 连接中,各个电阻的一端都接在一个公共节点上,另一端则分别接到 3 个端子上;在△连接中,各个电阻分别接在 3 个端子的每两个之间。

Y 连接和△连接都是通过 3 个端子与外部相连。它们之间是可以进行等效互换的,如图 2-14 所示。

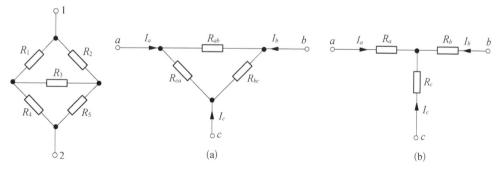

图 2-13　电阻的
Y 连接和△连接

图 2-14　电阻 Y 连接和△连接的
等效互换

根据等效变换的条件,图 2-14(a)、(b)两部分电路只要伏安关系相同,即当它们对应端子间的电压相同时,流入对应端子的电流也必须分别相等,那么它们之间就可以进行等效互换。也就是经过这样的变换后,不影响电路其他部分的电压和电流。

满足上述条件后可得如下结论:

当将 Y 连接等效变换为 △ 连接时,

$$R_{ab} = \frac{R_a R_b + R_b R_c + R_c R_a}{R_c}$$

$$R_{bc} = \frac{R_a R_b + R_b R_c + R_c R_a}{R_a} \qquad (2-13)$$

$$R_{ca} = \frac{R_a R_b + R_b R_c + R_c R_a}{R_b}$$

当将 △ 连接等效变换为 Y 连接时,

$$R_a = \frac{R_{ab} R_{ca}}{R_{ab} + R_{bc} + R_{ca}}$$

$$R_b = \frac{R_{bc} R_{ab}}{R_{ab} + R_{bc} + R_{ca}} \qquad (2-14)$$

$$R_c = \frac{R_{ca} R_{bc}}{R_{ab} + R_{bc} + R_{ca}}$$

应用电阻的 Y 连接与 △ 连接的等效变换,在某些特定情况下,可大大简化计算过程。

例如,在图 2-15 中求电流 I,在图 2-15(a)中,如果能将 a,b,c 三端间连成三角形(△)的三个电阻等效变换为星形(Y)连接的另外三个电阻,那么电路的结构形式就变为如图 2-15(b)所示,显然,该电路中五个电阻串、并联的关系很明了,这样就很容易计算电流 I。

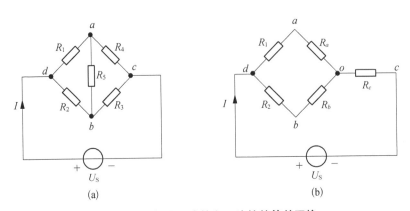

图 2-15   电阻 Y 连接和 △ 连接的等效互换

第四节　无源二端网络的输入电阻

一、二端网络概念

任何一个只具有两个外部接线端的网络称为一端口网络，又称为二端网络。如图 2-16 所示。

若电路的结构、元件参数完全不同的两个二端网络具有相同的电压、电流关系，即相同的伏安关系，则这两个二端网络称为等效网络。等效网络在电路中可以相互代换。

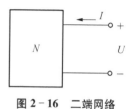

图 2-16　二端网络

二、有源二端网络与无源二端网络

内部有独立电源(电压源的电压或电流源的电流不受外电路控制而独立存在的电源称为独立电源)的二端网络，称为有源二端网络。有源二端网络的最简形式可以是理想电压源与电阻串联，也可以是理想电流源与电阻并联，并且这两种形式可以互换等效，如图 2-10 所示。

内部没有独立电源的二端网络，称为无源二端网络。

三、无源二端网络的输入电阻

二端网络如果由若干个电阻组成，由于其内部不含有独立电源，那么称为无源二端网络。无源二端网络可用一个电阻元件与之等效，即从两个端点看进去的总电阻。这个电阻元件的电阻值称为该网络的等效电阻或输入电阻，也称为总电阻，用 R_i 表示。图 2-17 所示的无源二端网络 a、b 端的输入电阻 $R_i = R_1 + R_2 + R_3$。

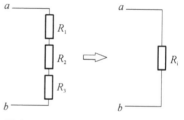

图 2-17　无源二端网络输入电阻

四、有源二端网络的输入电阻

二端网络的输入电阻的求法根据不同的条件采用不同的方法。当二端网络中无受控源时，一般采用电阻的串并联、电阻 Y 连接和 △ 连接的等效互换等方法。当二端网络中含有受控源时，采用以下两种方法：

（1）去除独立电源，加压求电流法。

（2）用开路电压 U_{oc} 除以短路电流 I_{sc}，即

$$R_i = \frac{U_{oc}}{I_{sc}} \qquad\qquad (2-15)$$

第五节　直流分压电路和直流分流电路

前边学习了电阻的串联与电阻的并联。图 2-18 所示的电路中电压与电流满足如下

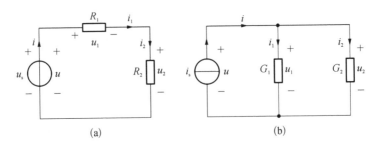

图 2 - 18　分压与分流电路

公式。

图 2 - 18(a)中：
$$u = (R_1 + R_2)i \qquad\qquad (2-16)$$

$$i = \frac{u}{R_1 + R_2} \qquad\qquad (2-17)$$

$$u_1 = \frac{R_1}{R_1 + R_2}u \qquad\qquad (2-18)$$

$$u_2 = \frac{R_2}{R_1 + R_2}u \qquad\qquad (2-19)$$

图 2 - 18(b)中：
$$i = (G_1 + G_2)u \qquad\qquad (2-20)$$

$$u = \frac{i}{G_1 + G_2} \qquad\qquad (2-21)$$

$$i_1 = \frac{G_1}{G_1 + G_2}i \qquad\qquad (2-22)$$

$$i_2 = \frac{G_2}{G_1 + G_2}i \qquad\qquad (2-23)$$

或者

$$i_1 = \frac{R_2}{R_1 + R_2}i \qquad\qquad (2-24)$$

$$i_2 = \frac{R_1}{R_1 + R_2}i \qquad\qquad (2-25)$$

从而得出分压公式：

$$u_k = \frac{R_k}{\sum_{k=1}^{n} R_k}u \qquad\qquad (2-26)$$

分流公式：

$$i_k = \frac{G_k}{\sum_{k=1}^{n} G_k}i \qquad\qquad (2-27)$$

例 2-4　图 2-19(a)所示电路为双电源直流分压电路。试求当电位器滑动端移动时,分析 a 点电位 V_a 的变化范围。

解:将两个电位用两个电压源代替,得到图 2-19(b)所示电路。当电位器滑动端移到最下端时,a 点的电位为

$$U_a = U_{cd} - 12 = \frac{1}{1 + 10 + 1} \times 24 - 12$$
$$= -10(V)$$

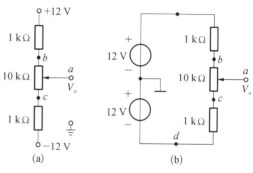

图 2-19　双电源直流分压电路

当电位器滑动端移到最上端时,a 点的电位为

$$U_a = U_{bd} - 12 = \frac{10 + 1}{1 + 10 + 1} \times 24 - 12 = 10(V)$$

当电位器滑动端由下向上逐渐移动时,a 点的电位将从−10~+10 V 连续变化。

例 2-5　图 2-20(a)所示电路为某 MF-30 型万用电表测量直流电流的原理图,它用波段开关来改变电流的量程。现在发现线绕电阻器 R_1 和 R_2 损坏。问:应换上多大数值的电阻器,该万用电表才能恢复正常工作?

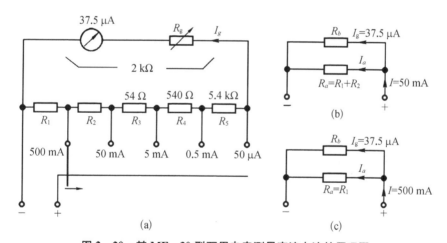

图 2-20　某 MF-30 型万用电表测量直流电流的原理图

解:万用电表工作在 50 mA 量程时的电路模型如图 2-20(b)所示。

其中,

$R_a = R_1 + R_2$ 及

$$R_a = R_g + R_5 + R_4 + R_3 = 2\,kΩ + 5.4\,kΩ + 540\,Ω + 54\,Ω = 7\,994\,Ω$$

当万用电表指针满偏转的电流 $I_g = 37.5\ \mu A$ 时,万用电表的电流 $I = 50\ mA$。

对于图 2-20(b)所示电路,用两个电阻并联时的分流公式:

$$I_a = I - I_g = \frac{R_b}{R_a + R_b} I$$

求得

$$R_a = R_1 + R_2 = \frac{I_g}{I - I_g} R_b$$

代入数值得

$$R_a = R_1 + R_2 = \frac{37.5 \times 10^{-6}}{50 \times 10^{-3} - 37.5 \times 10^{-6}} \times 7\,994 = 6(\Omega)$$

万用电表工作在 500 mA 量程时的电路模型如图 2 - 20(c)所示,其中,$R_a = R_1$ 及

$R_a + R_b = R_g + R_5 + R_4 + R_3 + R_2 + R_1 = 8\,000(\Omega)$。 用分流公式

$$I_g = \frac{R_a}{R_a + R_b} I = \frac{R_1}{8\,000} \times 500 = 37.5(\mu A)$$

求得

$$R_1 = \frac{8\,000}{500} \times 37.5 = 0.6(\Omega)$$

最后得

$$R_1 = 0.6\,\Omega, \ R_2 = 6 - 0.6 = 5.4(\Omega)$$

第六节　直流分压测量与直流分流测量

直流电压与直流电流可采用电压表(voltmeter)与电流表(ammeter)来进行测量。

电压表(也称伏特计)是用来测量电压的仪器。电压表与待测电路元件以并联方式连接。理想的电压表等效电阻值为 ∞ , 如同一个开路与待测电路元件并联,不会影响待测电路元件的电压值。

当电压表测量直流电压时,首先,需要调零(把指针调到零刻度);其次,选择适当量程(被测电压不能超过电压表的量程,用"试触"法选择适当量程);最后,与被测元件进行并联(注意只能与被测部分并联)。注意电流要正进负出(使电流从正极接入流进,从负极接入流出)。

电流表(也称安培计)是用来测量电流的仪器。电流表与待测电路元件以串联方式连接。理想的电流表等效电阻值为 0,如同一个短路与待测电路元件串联,不会影响待测电路元件的电流值。

当电流表(直流电流表)测量直流电流时,首先,需要调零(把指针调到零刻度);其次,选择适当量程(被测电流不能超过电流表的量程,用"试触"法选择适当量程);最后,与被测元件进行串联(注意要与被测部分串联)。注意电流要正进负出(使电流从正极接

入流进,从负极接入流出)。强调:绝对不允许不经过用电器而把电流表连到电源的两极(电流表内阻很小,相当于一根导线。若将电流表连到电源的两极,轻则指针打歪,重则烧坏电流表、电源、导线)。

直流电压与直流电流测量电路示意图如图 2－21 所示。电压表 V 测量电阻 R_2 两端的电压,电流表 A 测量电阻 R_1 上流经的电流。

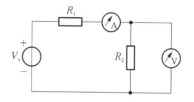

图 2－21 直流电压与直流电流测量电路示意图

第七节 应用实例:后窗玻璃除霜器

后窗玻璃除霜器采用了电阻分压电路与分流电路。后窗玻璃除霜器栅格的电路模型如图 2－22 所示,其中 x 和 y 标记栅格元件的水平和垂直间距(已知栅格的尺寸)。为了使每根导线单位长度的功率损耗相同,需要求出栅格中每个电阻的表达式,确保后窗玻璃在 x 和 y 方向统一加热。因此,需要根据下列关系式求栅格电阻的值。

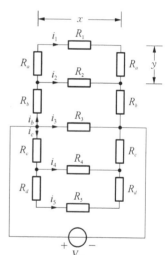

$$i_1^2\left(\frac{R_1}{x}\right) = i_2^2\left(\frac{R_2}{x}\right) = i_3^2\left(\frac{R_3}{x}\right) = i_4^2\left(\frac{R_4}{x}\right) = i_5^2\left(\frac{R_5}{x}\right)$$

$$(2-28)$$

$$i_1^2\left(\frac{R_a}{y}\right) = i_1^2\left(\frac{R_1}{x}\right) \qquad (2-29)$$

$$i_1^2\left(\frac{R_a}{y}\right) = i_b^2\left(\frac{R_b}{y}\right) = i_c^2\left(\frac{R_c}{y}\right) = i_5^2\left(\frac{R_d}{y}\right) \quad (2-30)$$

$$i_5^2\left(\frac{R_d}{y}\right) = i_5^2\left(\frac{R_5}{x}\right) \qquad (2-31)$$

图 2－22 后窗玻璃除霜器栅格电路模型

根据栅格的结构特点进行分析,如果不连接较低部分的电路(即电阻 R_c、R_d、R_4 和 R_5),那么电流 i_1、i_2、i_3 和 i_b 不受影响。因此,可以分析简化后的电路,如图 2－23 所示。求出简化后电路中的 R_1、R_2、R_3、R_a 和 R_b 后,也就求出了其余的电阻。因为

$$R_4 = R_2, \ R_5 = R_1, \ R_d = R_a, \ R_c = R_b$$

依据电流 i_1、i_2、i_3 和 i_b 的表达式,简化的后窗玻璃除霜器栅格电路如图 2－23 所示,继续化简如图 2－24 所示,求出与 R_3 并联的等效电阻 R_e。

$$R_e = R_b + \left[R_2 \ /\!/ \ (R_1 + 2R_a)\right] + R_b = \frac{R_2(R_1 + 2R_a)}{R_1 + R_2 + 2R_a}$$

$$= \frac{(R_1 + 2R_a)(R_1 + 2R_b) + 2R_2R_b}{R_1 + R_2 + 2R_a}$$

$$(2-32)$$

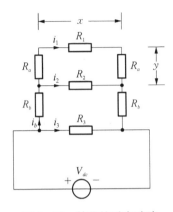

图 2-23 简化的后窗玻璃
除霜器栅格电路

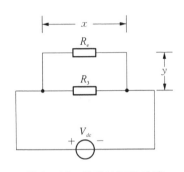

图 2-24 等效的后窗玻璃
除霜器栅格电路

令

$$D = (R_1 + 2R_a)(R_1 + 2R_b) + 2R_2R_b \qquad (2-33)$$

则

$$R_e = \frac{D}{R_1 + R_2 + 2R_a} \qquad (2-34)$$

$$i_b = \frac{V_{dc}}{R_e} = \frac{V_{dc}(R_1 + R_2 + 2R_a)}{D} \qquad (2-35)$$

使用分流公式,根据 i_b 可以直接求出表达式 i_1 和 i_2,有

$$i_1 = \frac{i_b R_2}{R_1 + R_2 + 2R_a} = \frac{V_{dc}R_2}{D} \qquad (2-36)$$

$$i_2 = \frac{i_b(R_2 + 2R_a)}{R_1 + R_2 + 2R_a} = \frac{V_{dc}(R_2 + 2R_a)}{D} \qquad (2-37)$$

因此,推导出以 R_1 为变量的 R_a、R_b 和 R_3,其中,$\dfrac{y}{x}$ 可用 σ 表示,即

$$R_a = \frac{y}{x}R_1 = \sigma R_1 \qquad (2-38)$$

$$R_2 = \left(\frac{i_1}{i_2}\right)^2 R_1 = (1 + 2\sigma)^2 R_1 \qquad (2-39)$$

由于

$$\frac{i_1}{i_2} = \frac{R_2}{R_1 + 2R_a} = \frac{R_2}{R_1 + 2\sigma R_1} \qquad (2-40)$$

因此

$$R_b = \left(\frac{i_1}{i_b} \right)^2 R_a \qquad (2-41)$$

又由于

$$\frac{i_1}{i_b} = \frac{R_2}{R_1 + R_2 + 2R_a} \qquad (2-42)$$

因此

$$R_b = \frac{(1 + 2\sigma)^2 \sigma}{4(1 + \sigma)^2} R_1 \qquad (2-43)$$

由于

$$R_3 = \left(\frac{i_1}{i_3} \right)^2 R_1 \qquad (2-44)$$

因此

$$\frac{i_1}{i_3} = \frac{R_2 R_3}{D} \qquad (2-45)$$

R_3 可化简为

$$R_3 = \frac{(1 + 2\sigma)^4}{(1 + \sigma)^2} R_1 \qquad (2-46)$$

$$R_2 = (1 + 2\sigma)^2 R_1 \qquad (2-47)$$

$$R_b = \frac{(1 + 2\sigma)^2 \sigma}{4(1 + \sigma)^2} R_1 \qquad (2-48)$$

$$R_a = \sigma R_1 \qquad (2-49)$$

本 章 小 结

一、知识概要

本章讲述电阻电路的等效性,包括等效概念与电阻的等效、独立源的等效互换、电阻Y连接与△连接的等效互换、无源二端网络的输入电阻、直流分压器和分流器电路及直流分压测量与直流分流测量。

二、知识重点

本章重点为电阻的等效、独立电压源与电阻串联和独立电流源与电阻并联的等效变换,无源二端网络输入电阻的求解。

三、思维导图

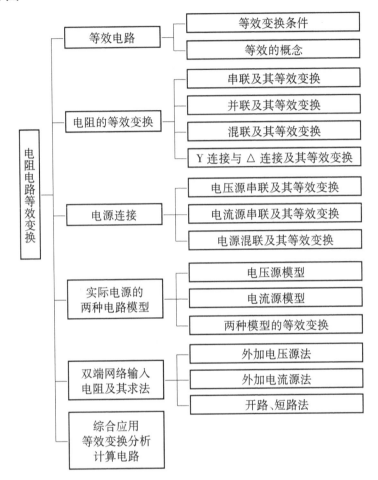

习　题

2-1　求题 2-1 图所示电路的等效电阻 R_{ab}。

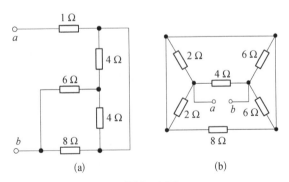

（a）　　　　　　　　（b）

题 2-1 图

2-2 电路如题 2-2 图所示, 已知 $U_{ab} = -12\text{ V}$, 求电阻
值 R。

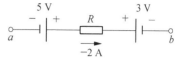

题 2-2 图

2-3 计算题 2-3 图所示电路中的等效电阻 R_{ab}。

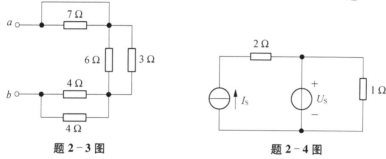

题 2-3 图　　　　　题 2-4 图

2-4 电路如题 2-4 图所示, 已知 $U_S = 3\text{ V}$, $I_S = 2\text{ A}$, 求流过电压源的电流及电流源两端
电压。

2-5 求题 2-5 图两电路中的电流 I。

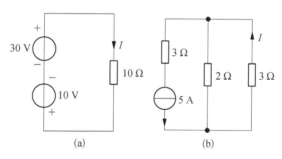

(a)　　　　　(b)

题 2-5 图

2-6 求题 2-6 图所示电路的电压 U。

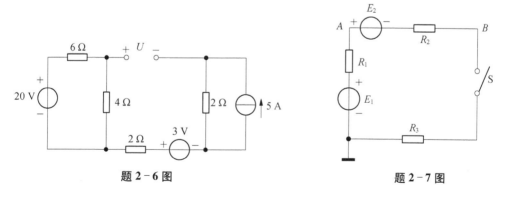

题 2-6 图　　　　　题 2-7 图

2-7 电路如题 2-7 图所示, 已知 $E_1 = 10\text{ V}$, $E_2 = 2\text{ V}$, $R_1 = 1\text{ }\Omega$, $R_2 = 3\text{ }\Omega$, $R_3 = 4\text{ }\Omega$。
试求:
(1) 当 S 打开时 A、B 两点电位;
(2) 当 S 闭合时 A、B 两点电位。

2-8 题 2-8 图所示电路中, A 点悬空。试求电流 I 和 A 点电位。

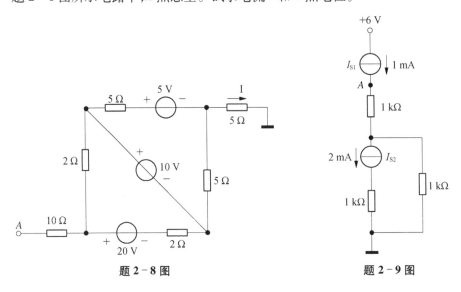

题 2-8 图　　　　　　题 2-9 图

2-9 题 2-9 图所示电路中,求:

(1) A 点电位 V_A ;

(2) 计算各电源的功率,判别它们是电源还是负载。

2-10 电路如题 2-10 图所示,试求图中的电流 I 。

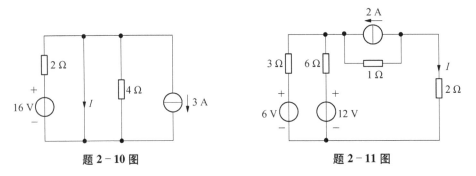

题 2-10 图　　　　　　题 2-11 图

2-11 试用电压源与电流源等效变换的方法计算题 2-11 图中的电流 I 。

2-12 电路如题 2-12 图所示,已知 $U_{ab} = 0\,V$,求 R 。

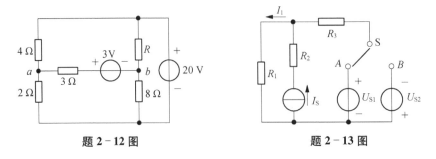

题 2-12 图　　　　　　题 2-13 图

2-13 在题 2-13 图所示电路中,已知: $I_S = 3\,A$, $U_{S2} = 2U_{S1}$, $R_1 = 2R_3$,当开关 S 接 A 端时, $I_1 = 3\,A$,求开关 S 接 B 端时 I_1 等于多少?

2－14　在题 2－14 图所示电路中,求开关 S 断开、闭合时 A 点电位。

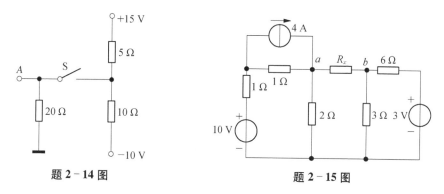

题 2－14 图　　　　　　　　　　　　题 2－15 图

2－15　在题 2－15 图所示电路中,求 $R_x = 3\ \Omega$、$R_x = 9\ \Omega$ 时的电压 U_{ab}。

参 考 答 案

2－1　(a) 5 Ω;(b) 2 Ω

2－2　5 Ω

2－3　4 Ω

2－4　－1 A, 7 V

2－5　(a) 2 A;(b) 2 A

2－6　1 V

2－7　(1) 10 V,8 V;(2) 9 V,4 V

2－8　0 A, 12.5 V

2－9　(1) 0 V;(2) $P_{I_{S1}} = -6$ mW,负载;$P_{I_{S2}} = 6$ mW,电源;$P_U = 6$ mW, 电源

2－10　5 A

2－11　1.2 A

2－12　6 Ω

2－13　－3 A

2－14　当开关断开时 $U_A = 0$ V;当开关闭合时 $U_A = 5.7$ V

2－15　3 V, 4.5 V

第三章　电路的分析方法

学习要点

(1) 掌握电路的一般分析方法；

(2) 熟练运用支路分析法求解电路；

(3) 能够正确选择节点电压法、网孔电流法求解特定电路；

(4) 理解叠加定理、戴维宁定理和诺顿定理等效电路的概念,并能熟练运用相关定理分析电路；

(5) 了解最大功率传输定理,并能计算满足该条件的负载电阻值。

第一节　支路电流法

一、描述电路的基本概念

为了便于分析和讨论较复杂的电路,需要先定义几个基本术语,包括节点、路径、支路和网孔等。为方便起见,将所有这些定义列在表 3 – 1 中。

表 3 – 1　描述电路的相关概念表

名　　称	定　　义
节　　点	三个或更多电路元件的连接点
路　　径	基本元件相连的踪迹,元件不能出现两次
支　　路	任何一段(或连接两个节点)无分支的路径
回　　路	终点和起点是同一节点的路径
网　　孔	没有包围其他回路的回路
平面电路	画在平面上没有交叉支路的电路。有交叉支路的电路,如果能重新画成没有交叉支路的电路,那么就仍可以认为是平面电路

二、电路分析的一般方法

电路分析的一般方法,是指在给定电路结构和元件参数的条件下,不需要改变电路结构,通过选择不同电路变量,建立关于电路变量的方程组求解电路的方法,也称为网络方程法。

前面章节中电路的分析方法是利用等效变换将电路化简成单回路电路,然后找出待求的电流和电压。用这类方法分析简单电路是行之有效的,但对于复杂的电路(如有些多回路电路),往往不能或不易化简为单回路电路。

网络方程法的步骤,首先选择电路的变量,电压和电流是电路的基本变量,也是分析电路时待求的未知量,可以选择支路电流、网孔电流或节点电压为变量。然后根据 KCL、KVL 和 VCR 建立网络方程,方程数应与变量数相同。最后从方程中解出电路的变量。对于线性电阻电路,网络方程是一组线性代数方程。列写网络方程的最基本方法是支路分析法,以支路分析法为基础得出的网孔电流法和节点分析法具有较少的变量数和方程数,比较易于求解。

三、支路电流法

支路电流法以支路电流为变量,应用基尔霍夫电流定律列写节点电流方程,应用基尔霍夫电压定律列写节点电压方程,解电路方程(组)求解各支路电流的方法。支路电流法也称为支路分析法。

支路是电路的基础,支路电流和支路电压是求解电路的基本对象和变量。

若设电路有 k 条支路,则有 k 个未知电流变量。因此,支路分析法需要列出 k 个独立方程。

下面通过图 3-1 所示电路说明支路电流法分析和计算电路的一般步骤。

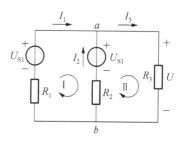

图 3-1　支路电流法举例

在电路中支路 $k = 3$,节点数 $n = 2$,以支路电流 I_1、I_2、I_3 为变量(未知量),设其参考方向如图 3-1 所示。

首先,设备支路电流的参考方向如图 3-1 所示,根据电路图中标出的各支路电流的参考方向,对节点 a 列 KCL 方程,为

$$-I_1 - I_2 + I_3 = 0 \qquad (3-1)$$

对节点 b 列 KCL 方程,为

$$I_1 + I_2 - I_3 = 0 \qquad (3-2)$$

上面式(3-1)与式(3-2)由一个可导出另一个。因此,两个方程中只有一个是独立的,对于具有两个节点的电路,节点数 $n = 2$,只能列出 $2 - 1 = 1$ 个独立的 KCL 方程。

对具有 n 个节点的电路,需要列出 $n-1$ 个独立的 KCL 方程。与此相对应,n 个节点中,只有 $n-1$ 个节点是独立的,称为独立节点。余下的一个称为参考节点,原则上参考节点可以任意选取。

其次,列写独立的 KVL 方程。独立的 KVL 方程必须取自一组独立的回路。"独立回路"是指每个回路中包含新的支路。在支路为 k,节点数为 n 的电路中,独立的方程数为 $k-(n-1)$,其恰好等于网孔的数目。因此,也可直接选取网孔来列 KVL 方程。

图 3-1 中有 2 个网孔,按顺时针方向绕行,对左边的网孔列 KVL 方程,有

$$U_{S2} - U_{S1} + I_1 R_1 - I_2 R_2 = 0 \tag{3-3}$$

同样,选按顺时针方向绕行,对右面的网孔列 KVL 方程,有

$$I_2 R_2 - U_{S2} + I_3 R_3 = 0 \tag{3-4}$$

支路是电路的基础,支路电流和支路电压是求解电路的基本对象和变量。支路电流法基于基尔霍夫电流定律和基尔霍夫电压定律列方程,方程的个数必须与未知量的个数相等。

四、支路分析法的思路及步骤

综上所述,将支路分析法的计算步骤归纳如下:

(1) 认定支路数 k,设定(标出)各支路电流的参考方向。

(2) 认定节点数 n,指定参考节点,对其余 $n-1$ 个独立节点列写 KCL 方程。

(3) 认定网孔数 m,选网孔为独立回路,设定独立回路绕行方向,列 $m=k-(n-1)$ 个 KVL 回路方程。

(4) 解方程组,求支路电流。联立方程组可以用代入法或行列式法求解。

(5) 由支路电流和各支路的 VCR 关系可求解支路电压、功率等。

例 3-1　如图 3-1 所示,已知电压源 $U_{S1} = 130$ V, $U_{S2} = 117$ V,电阻 $R_1 = 1\ \Omega$, $R_2 = 0.6\ \Omega$, $R_3 = 24\ \Omega$。试用支路电流法求各支路电流 I_1、I_2 和 I_3。

解:以支路电流为变量,应用基尔霍夫电流定律、基尔霍夫电压定律列方程式(3-1)、式(3-3)、式(3-4)。

代入数据并整理得

$$\begin{cases} -I_1 - I_2 + I_3 = 0 \\ I_1 - 130 + 117 - 0.6I_2 = 0 \\ 0.6I_2 - 117 + 24I_3 = 0 \end{cases}$$

解得

$$I_1 = 10(\text{A}),\ I_2 = -5(\text{A}),\ I_3 = 5(\text{A})$$

第二节　网孔电流法

一、网孔电流法

以网孔电流为变量,应用基尔霍夫电压定律列写电路方程(组)求解电路的方法称为网孔电流法,简称网孔法。网孔法只适用于平面电路(网络)。

二、网孔方程

当应用网孔法时,所需列写的是网孔的 KVL 方程,又称为网孔方程。网孔方程可采

用规则化的方法列写。下面通过图3－2所示的电路加以说明。

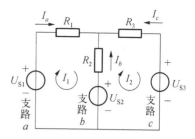

图3－2中共有两个网孔,设想在每个网孔里都有一假想电流沿着网孔的边界流动。用沿着网孔周边的接近封闭的实心线I_1、I_2表示,实心线上的箭头表明了网孔电流的参考方向。这样,电路中所有支路电流都可以用网孔电流表示。例如,支路a中的电流I_a等于网孔电流I_1,支路b中的电流I_b等于两个网孔电流的代数和,即$-I_1+$

图3－2 网孔电流法举例

I_2,支路c中的电流I_c等于$-I_2$。这样,只要求出各网孔的电流,就可确定所有支路电流。

既然网孔电流是沿着闭合回路流动的,所以它一定从网孔中某一个节点流进,同时又从该节点流出。网孔电流在所有节点处都自动满足KCL,因此不需要另列KCL方程,省去了$n-1$个方程。这样,只需列出KVL方程,电路的变量即网孔数。

网孔电流法中列写KVL方程的方法,原则上与支路分析法中列写KVL方程一样,通常选取网孔的绕行方向与网孔电流的参考方向一致,因此,对于图3－2所示电路,有

$$\begin{cases} R_1 I_1 + R_2 I_1 - R_2 I_2 + U_{S2} - U_{S1} = 0 \\ R_2 I_2 - R_2 I_1 + R_3 I_2 + U_{S3} - U_{S2} = 0 \end{cases} \quad (3-5)$$

当用网孔电流表示各电阻上的电压时,有些电阻中会有几个网孔电流同时流过,因此列写方程时需要把各网孔电流引起的电压都计算。

经过整理后,得

$$\begin{cases} (R_1 + R_2)I_1 - R_2 I_2 = U_{S1} - U_{S2} \\ -R_2 I_1 + (R_2 + R_3)I_2 = U_{S2} - U_{S3} \end{cases} \quad (3-6)$$

$$\begin{cases} R_{11} I_1 + R_{12} I_2 = U_{S11} \\ R_{21} I_1 + R_{22} I_2 = U_{S22} \end{cases} \quad (3-7)$$

三、相关概念

1. 网孔电流

网孔电流是一种假想的沿着网孔边缘流动的电流,是电路分析假设的数学量,它可以是独立变量。

支路电流是实际流过支路的电流,可以用电表测量出来。而网孔电流不一定能测量出来。但是,平面电路中任一支路的电流均可以用网孔电流表示。因此,只要求得网孔电流,便可以求得支路电流。而知道了支路电流,就能计算任何希望知道的电压或功率。

2. 自电阻与互电阻

式(3－7)中,R_{11}和R_{22}分别代表两个网孔的自电阻,它们为各自网孔中所有电阻之和,即$R_{11} = R_1 + R_2$,$R_{22} = R_2 + R_3$;R_{12}和R_{21}为两个网孔的公共电阻,称为互电阻,如图3－2所示,$|R_{12}| = |R_{21}| = R_2$。

电路中互电阻可正可负。当通过互电阻的网孔电流 I_1、I_2 参考方向一致时,互电阻 R_{12} 和 R_{21} 取正,当通过互电阻的网孔电流 I_1、I_2 参考方向相反时,互电阻 R_{12} 和 R_{21} 取负,如本例中,由于列方程时绕行方向选定为与网孔电流参考方向相反,所以互电阻 $|R_{12}|=|R_{21}|=-R_2$。

3. 网孔电压源正负

式(3-7)中,$U_{S11}=U_{S1}-U_{S2}$,$U_{S22}=U_{S2}-U_{S1}$ 分别为两个网孔电压源的代数和。当电压源的方向与绕行方向相同时取负号,否则取正号。

四、网孔电流法的一般步骤

把以上结论推广到 m 个网孔电路,网孔电流法分析解题的一般步骤归纳如下:

(1)选定各支路电流的参考方向,同时选定各网孔电流的参考方向,它们也是列方程式时的绕行方向。

(2)用规则化的方法列网孔方程,有

$$
\begin{cases}
R_{11}I_1 + R_{12}I_2 + \cdots + R_{1m}I_m = U_{S11} \\
R_{21}I_1 + R_{22}I_2 + \cdots + R_{2m}I_m = U_{S22} \\
\vdots \\
R_{m1}I_1 + R_{m2}I_2 + \cdots + R_{mm}I_m = U_{Smm}
\end{cases}
\tag{3-8}
$$

式(3-8)中,I_1、I_2、$\cdots$、I_m 分别为网孔电流;R_{11}、R_{22}、$\cdots$、R_{mm} 分别代表各个网孔的自电阻,它们分别为各自网孔中所有电阻之和,恒为正,其他系数为两个相关网孔的公共电阻,当通过互电阻的网孔电流的参考方向一致时,互电阻取正值,当通过互电阻的网孔电流的参考方向相反时,互电阻取负值;若两个网孔之间没有公共电阻,则相应的互电阻为零。

式(3-8)中,U_{S11}、U_{S22}、$\cdots$、U_{Smm} 分别为电压源按各网孔绕行方向的代数和,电压源方向与绕行方向相同取负号,否则取正号。

(3)解网孔方程,求各网孔电流。

(4)指定支路电流的参考方向,支路电流为网孔电流的代数和。

(5)若电路中存在电流源与电阻并联的组合,则先把其等效变换为电压源与电阻串联的组合,然后再列写方程。

例 3-2 电路如图 3-3 所示,应用网孔电流法求各支路电流。

解: 若设网孔电流如图 3-3 所示,则网孔电流方程为

$$
\begin{cases}
R_{11}I_1 + R_{12}I_2 = U_{S11} \\
R_{21}I_1 + R_{22}I_2 = U_{S22}
\end{cases}
$$

$$
\begin{cases}
(6+6)I_a - 6I_b = 24 \\
-6I_a + (6+3)I_b = 30
\end{cases}
$$

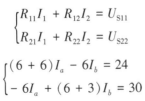

图 3-3 例 3-2 电路

解得 $I_a = 5.5(\text{A})$,$I_b = 7(\text{A})$

$$I_1 = I_a = 5.5(A)$$
$$I_2 = -I_b = -7(A)$$
$$I_3 = I_1 + I_2 = -1.5(A)$$

五、含理想电流源支路的求解方法

若电流源中只有一个网孔电流流过,则该网孔电流等于此电流源的电流,而不必对这个网孔列网孔方程。电流源的电压也作为变量列入网孔方程,并将电流源的电流与有关网孔电流的关系作为补充方程,一并求解。

例 3-3　电路如图 3-4 所示,分别应用网孔电流法或回路分析法求支路电流 I_a、I_b、I_c。

解: 图 3-4 电路中含有理想电流源支路。指定网孔电流 I_1、I_2、I_3 的参考方向。$I_2 = 2$ A 为已知量,不列出这个网孔的方程。

设电流源 1 A 的电压为 U, 将其作为变量,其参考方向如图 3-4 所示,列出 I_1、I_3 的网孔方程为

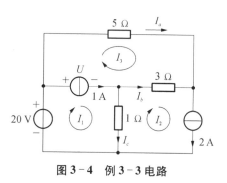

$$\begin{cases} 1I_1 - 1I_2 = 20 - U \\ -3I_2 + (5 + 3)I_3 = U \end{cases}$$

电流源 1 A 的电流为已知量,得补充方程为

$$\begin{cases} I_2 = 2(A) \\ I_1 - I_3 = 1(A) \end{cases}$$

图 3-4　例 3-3 电路

联立求解得

$$I_1 = 4(A), \ I_3 = 3(A), \ U = 18(V)$$

支路电流为

$$I_a = I_3 = 3(A), \ I_b = I_2 - I_3 = -1(A), \ I_c = I_1 - I_2 = 2(A)$$

第三节　节点电压法

一、节点电压法

节点电压法是以节点电压为电路变量,应用基尔霍夫电流定律列出节点电压方程,求解节点电压和各支路电流的方法。

下面通过图 3-5 所示电路,说明节点电压法分析与计算电路的一般步骤。

在电路中,任意选一节点为参考节点(零电位参考点),其他各节点对参考点的电压,称为节点电压。

两个节点的电路,任意选一节点为参考节点,只剩一个独立节点,称为单节点偶电路。

如图 3-5 所示,求 A 点电位和各支路电流。

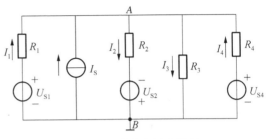

图 3-5 节点电压法举例

若选电路中 B 点为参考节点,则 A 点对参考点的电位(电压)即节点电压。

在 A 节点,列写 KCL 方程得

$$I_1 + I_4 + I_S = I_2 + I_3 \qquad (3-9)$$

对支路 1,应用欧姆定律及 KVL 方程得

$$U_A - U_{S1} + I_1 R_1 = 0$$

整理得

$$U_A = U_{S1} - I_1 R_1 \Rightarrow I_1 = \frac{U_{S1} - U_A}{R_1} \qquad (3-10)$$

同理得

$$U_A = -U_{S2} + I_2 R_2 \Rightarrow I_2 = \frac{U_{S2} + U_A}{R_2} \qquad (3-11)$$

$$U_A = I_3 R_3 \Rightarrow I_3 = \frac{U_A}{R_3} \qquad (3-12)$$

$$U_A = U_{S4} - I_4 R_4 \Rightarrow I_4 = \frac{U_{S4} - U_A}{R_4} \qquad (3-13)$$

将式(3-10)~式(3-13)代入节点电流方程式(3-9),并整理得节点电压 U_A 方程(两个节点)为

$$U_A = \frac{\dfrac{U_{S1}}{R_1} + I_S + \dfrac{U_{S4}}{R_4} - \dfrac{U_{S2}}{R_2}}{\dfrac{1}{R_1} + \dfrac{1}{R_2} + \dfrac{1}{R_3} + \dfrac{1}{R_4}} = \frac{\sum \dfrac{U_S}{R}}{\sum \dfrac{1}{R}} = \frac{\sum G U_{Si}}{\sum G_i} \qquad (3-14)$$

总结式(3-14):分子为各含源支路等效电流源流入该节点电流的代数和,分母为各支路所有电阻的倒数和。

正负号规定:若 U_S 与 U_A 的参考极性相同则取正号,相反则取负号,其与支路电流参考方向无关;该节点连接的电流源,流入该节点取正号,反之取负号。

二、弥尔曼定理

含两节点多支路的节点电压的一般表达式,称为弥尔曼定理。

弥尔曼定理的一般公式表示为

$$U_A = \frac{\dfrac{U_{S1}}{R_1} + I_S + \dfrac{U_{S4}}{R_4} - \dfrac{U_{S2}}{R_2}}{\dfrac{1}{R_1} + \dfrac{1}{R_2} + \dfrac{1}{R_3} + \dfrac{1}{R_4}} = \frac{\sum \dfrac{U_{Si}}{R_i} + \sum I_{Si}}{\sum \dfrac{1}{R_i}} = \frac{\sum G_i U_{Si} + \sum I_{Si}}{\sum G_i}$$

(3-14a)

在以上公式中,分母为各支路所有电阻的倒数(电导)之和,恒为正值;分子是含源支路等效电流源流入该节点电流的代数和,当 U_{Si} 与 U_A 的参考极性相同时取正号,相反取负号; I_{Si} 流入该节点取正号,反之取负号。

弥尔曼定理仅适用于两个节点(单节点偶)的电路。这种电路的特点是各支路都接在同一对节点之间,应用弥尔曼定理计算只需列出 1 个节点方程,就可以直接求出独立节点的电压,得到节点电压后,再求各支路电流。

例 3-4 设图 3-5 所示电路中, $U_{S1} = 10$ V, $U_{S2} = 20$ V, $I_S = 2$ A, $R_1 = 1\ \Omega$, $R_2 = 2\ \Omega$, $R_3 = 4\ \Omega$, $R_4 = 4\ \Omega$, 试求各支路电流 I_1、I_2、I_3、I_4。

解: 由弥尔曼定理列方程,求解 A 点电位。

$$U_A = \frac{\dfrac{U_{S1}}{R_1} + I_S + \dfrac{U_{S4}}{R_4} - \dfrac{U_{S2}}{R_2}}{\dfrac{1}{R_1} + \dfrac{1}{R_2} + \dfrac{1}{R_3} + \dfrac{1}{R_4}} = \frac{\dfrac{10}{1} + 2 + \dfrac{40}{4} - \dfrac{20}{2}}{\dfrac{1}{1} + \dfrac{1}{2} + \dfrac{1}{4} + \dfrac{1}{4}} = 6(\text{V})$$

$$I_1 = \frac{U_{S1} - U_A}{R_2} = \frac{10 - 6}{1} = 4(\text{A})$$

$$I_2 = \frac{U_{S2} + U_A}{R_2} = \frac{20 + 6}{2} = 13(\text{A})$$

$$I_3 = \frac{U_A}{R_3} = \frac{6}{4} = 1.5(\text{A})$$

$$I_4 = \frac{U_{S4} - U_A}{R_4} = \frac{40 - 6}{4} = 8.5(\text{A})$$

验证结果:

$$I_1 + I_4 + I_S - (I_2 + I_3) = 4 + 8.5 + 2 - (13 + 1.5) = 0$$

$$\sum I_A = 0$$

例 3-5 试求图 3-6 所示电路中 U_A 和 I。

解: 用节点电压法列方程,求解 A 点电压为

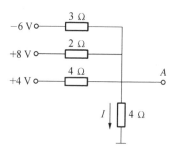

图 3-6 例 3-5 电路

$$U_A = \frac{\dfrac{-6}{3} + \dfrac{8}{2} + \dfrac{4}{4}}{\dfrac{1}{3} + \dfrac{1}{2} + \dfrac{1}{4} + \dfrac{1}{4}} = \frac{-2 + 4 + 1}{\dfrac{4}{3}} = 2.25(\text{V})$$

由欧姆定律得 $\qquad I = 2.25/4 = 0.562\,5(\text{A})$

三、两个以上节点电路分析的一般步骤

（1）确定节点的个数；

（2）选定其中一个节点为参考点，标出每一个未知节点与该节点的电压；

（3）标出未知电压节点各支路的电流，方向任意；

（4）以独立节点电压为未知量，用节点电压表示支路电流，列 $(n-1)$ 个节点的 KCL 方程；

（5）联立求解节点方程，得到各节点电压；

（6）应用支路的 VCR 关系，由支路电压法求得各支路电流。

例 3-6　图 3-7 所示电路中，已知：$U_S = 15\text{ V}$，$I_S = 4\text{ A}$，$R_1 = 5\,\Omega$，$R_2 = 10\,\Omega$，$R_3 = 5\,\Omega$，$R_4 = 2\,\Omega$，$R_5 = 2\,\Omega$。试求 a、b、c 各点的电压。

解：应用 KCL 对 a、b、c 点列出电流方程为

$$\begin{cases} I_1 + I_S = I_2 \\ I_2 = I_3 + I_4 \\ I_3 = I_5 + I_S \end{cases} \qquad (3-15)$$

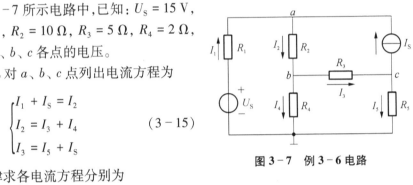

图 3-7　例 3-6 电路

应用欧姆定律求各电流方程分别为

$$I_1 = \frac{U_S - U_a}{R_1} = \frac{15 - U_a}{5}$$

$$I_2 = \frac{U_a - U_b}{R_2} = \frac{U_a - U_b}{10}$$

$$I_3 = \frac{U_b - U_c}{R_3} = \frac{U_b - U_c}{5} \qquad (3-16)$$

$$I_4 = \frac{U_b}{R_4} = \frac{U_b}{2}$$

$$I_5 = \frac{U_c}{R_5} = \frac{U_c}{2}$$

将各电流方程代入式（3-15），得方程组为

$$\begin{cases} \dfrac{15 - U_a}{5} + 4 = \dfrac{U_a - U_b}{10} \\[2mm] \dfrac{U_a - U_b}{10} = \dfrac{U_b - U_c}{5} + \dfrac{U_c}{2} \\[2mm] \dfrac{U_b - U_c}{5} = 4 + \dfrac{U_c}{2} \end{cases} \Rightarrow \begin{cases} U_a = 36.2(\text{V}) \\ U_b \approx 38.5(\text{V}) \\ U_c = 5.3(\text{V}) \end{cases} \qquad (3-17)$$

由 a、b、c 三点电压，可求得各支路电流。

四、几种电路方程分析法比较

以上介绍了几种分析线性电路的电路(网络)方程,就方程数目来说,支路分析法为支路数 k,网孔电流法为网孔数 $k-(n-1)$,节点分析法为独立节点数 $(n-1)$。

因为网孔电流法不存在选取独立回路问题,节点分析法的节点电压也容易选取,所以通常采用网孔电流法或节点分析法。如果电路的独立节点数少于网孔数,那么节点电压法方程数比网孔电流法少,较易求解。但同时要考虑一些其他因素,如电路中电源的种类,若已知的电源是电流源,则节点分析法更为方便,方程式往往由观察即可直接写出;若电源为电压源,则网孔电流法较为方便。

也可以根据所求变量选择适合的分析方法,如果求解某个或某几个支路电压,那么选择节点电压法即可求解,较网孔分析法求解更便捷。

网孔电流法只用于平面电路,节点分析法则无此限制,因此节点电压法更具有普遍意义。

对于大型电路往往采用计算机进行分析。当用计算机辅助分析时,节点电压法应用最为广泛,其优点是便于编程。

第四节　叠 加 定 理

一、叠加定理

叠加定理描述为:对于任一线性电路(网络),当电路中有几个独立源(激励)共同作用时,电路中任一支路的电流或电压(响应),等于各个独立源单独作用时,在该支路产生的电流或电压(响应)的代数和(线性叠加)。

叠加定理是线性电路的一个基本定理,它体现了线性电路的基本性质。

当一个独立电源作用,其他电源不作用时,这里的电压源不作用,是指其输出电压为零,等效的做法是在该电压源处用短路代替(实际电源的内电阻仍保留在电路中);不作用的电流源输出电流为零,等效的做法是在该电流源处开路(实际电源的内阻仍保留在电路中)。

下面以图 3-8(a)中第 1 支路电流 I_1 为例,说明叠加定理分析与计算电路的一般步骤。

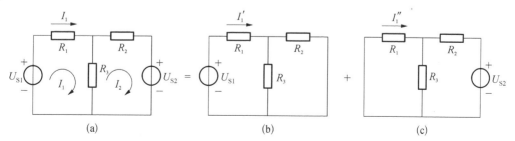

图 3-8　叠加定理举例

对图 3 - 8（a）列出网孔方程为

$$\begin{cases} (R_1 + R_3)I_1 - R_3I_2 = U_{S1} \\ -R_3I_1 + (R_2 + R_3)I_2 = -U_{S2} \end{cases} \tag{3-18}$$

解网孔方程组得

$$I_1 = \left(\frac{R_2 + R_3}{R_1R_2 + R_2R_3 + R_2R_1} \right) U_{S1} - \left(\frac{R_3}{R_1R_2 + R_2R_3 + R_2R_1} \right) U_{S2} \tag{3-19}$$

对于图 3 - 8（b），U_{S1} 单独作用的电路有

$$I_1' = \frac{U_{S1}}{R_2 + R_1 /\!/ R_3}$$

对图 3 - 8（c），U_{S2} 单独作用的电路有

$$I_1'' = -\frac{U_{S2}}{R_2 + R_1 /\!/ R_3} \times \frac{R_3}{R_1 + R_3} \tag{3-19a}$$

$$I_1 = I_1' + I_1''$$

上面 I_1' 是电路中 U_{S1} 单独作用时，在第 1 支路中产生的电流，如图 3 - 8（b）所示。而 I_1'' 是电路中 U_{S2} 单独作用时，在第 1 支路中产生的电流，如图 3 - 8（c）所示。

显然，I_1 为 I_1' 和 I_1'' 的代数和与网孔电流法计算结果一致。

类似地，可以证明其他各支路电流或各支路电压也是各独立源单独作用在该支路产生的电流分量或电压分量的代数和。

二、叠加定理解题的一般步骤

应用叠加定理计算复杂电路，就是把电路中的多电源作用化为由几个单电源单独作用的简单电路来计算，具体步骤如下：

（1）画电路分解图，将多电源作用的电路，化为由几个单电源单独作用电路的线性组合；

（2）设定并标出对应支路电流或电压的参考方向；

（3）求每一个电源单独作用时各支路电流或电压；

（4）求待定支路的实际电流或电压。根据电流和电压的参考方向，对各个电源单独作用时各支路的电流或电压进行线性叠加，求其代数和。

叠加定理在线性电路分析中起着重要作用，它是分析线性电路的基础。应用叠加定理时，应注意以下几点：

（1）叠加定理只能用来计算线性电路的电流和电压，不适用于非线性电路。不能用叠加定理直接计算功率。

这是由于：

$$P_1 = R_1I_1^2 = R_1(I_1' + I_1'')^2 \neq R_1I_1'^2 + R_1I_1''^2$$

（2）叠加定理只对独立电源产生的响应叠加，受控源与电阻一样看待，即受控源在每

个独立电源单独作用时都应保留在相应的电路中。

例 3-7　电路如图 3-9 所示,试应用叠加定理求电流 I_2

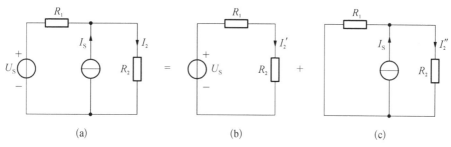

图 3-9　例 3-7 电路

解: 本题采用叠加定理方法求解。画电路图 3-9(a)的分解图:图 3-9(b)和图 3-9(c),并标出对应支路电流的参考方向。

在图 3-9(b)中由电压源 U_S 单独作用得

$$I_2' = \frac{U_S}{R_1 + R_2}$$

在图 3-9(c)中由电流源 I_S 单独作用得

$$I_2'' = \frac{R_1}{R_1 + R_2} I_S$$

对电压源 U_S 及电流源 I_S 单独作用时各支路的电流进行线性叠加得

$$I_2 = I_2' + I_2'' = \frac{1}{R_1 + R_2} U_S + \frac{R_1}{R_1 + R_2} I_S$$

例 3-8　如图 3-10(a)所示,已知 $I_S = 6\,A$, $U_S = 12\,V$, $R_1 = 1\,\Omega$, $R_2 = 5\,\Omega$, $R_3 = 6\,\Omega$, $R_4 = 3\,\Omega$。试求电流 I_1 和 I_2。

解: 本题采用叠加定理方法求解。画图 3-10(a)电路的分解图,如图 3-10(b)和图 3-10(c)所示,并标出对应支路电流的参考方向。

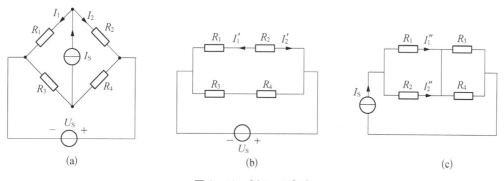

图 3-10　例 3-8 电路

在图 3 – 10(b)中,当电压源 U_S 单独作用时得

$$I_1' = \frac{U_S}{R_1 + R_2} = \frac{12}{1 + 5} = 2(A), \quad I_2' = -I_1' = -2(A)$$

在图 3 – 10(c)中,当电流源 I_S 单独作用时由分流公式得

$$I_1'' = \frac{R_2}{R_1 + R_2}I_S = 5(A)$$

$$I_2'' = \frac{R_1}{R_1 + R_2}I_S = 1(A)$$

由分量的叠加得

$$I_1 = I_1' + I_1'' = 2 + 5 = 7(A)$$

$$I_2 = I_2' + I_2'' = -2 + 1 = -1(A)$$

第五节 替 代 定 理

替代定理可描述为:在任一电路(线性或非线性网络)中,若已知第 K 条支路的电压和电流为 U_K 和 I_K,则不论该支路是由什么元件组成,总可以用下列任何一个元件去替代:

(1)电压值为 U_K 且方向与原支路电压方向一致的理想电压源;

(2)电流值为 I_K 且方向与原支路电流方向一致的理想电流源;

(3)电阻值为 $R_K = \dfrac{U_K}{I_K}$ 的电阻元件。

替代前后,电路中各支路的电压和电流都将保持原值不变,如图 3 – 11 所示。

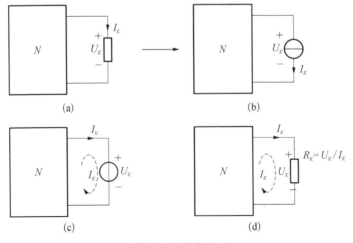

图 3 – 11 替代定理

下面用一个具体例子说明替代定理的正确性。

例 3 - 9　如图 3 - 12 所示,已知电压源 $U_{S1} = 130$ V, $U_{S2} = 117$ V,电阻 $R_1 = 1$ Ω, $R_2 = 0.6$ Ω, $R_3 = 24$ Ω。试用支路电流法求各支路电流 I_1、I_2 和 I_3。

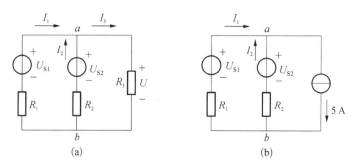

图 3 - 12　例 3 - 9 电路

解: 图 3 - 12(a)所示电路的参数与图 3 - 1 相同,电路中各支路电流已在例 3 - 1 中求得,即 $I_1 = 10$ A, $I_2 = -5$ A, $I_3 = 5$ A。

应用替代定理,把 R_3 电阻支路换上一个电流源,其电流值是 5 A,大小和方向与原支路电流 I_3 相同,如图 3 - 12(b)所示。

利用弥尔曼定理,求图 3 - 12(b)节点 a 的电压为

$$U_{ab} = \frac{\dfrac{U_{S1}}{R_1} + \dfrac{U_{S2}}{R_2} - 5}{\dfrac{1}{R_1} + \dfrac{1}{R_2}} = \frac{\dfrac{130}{1} + \dfrac{117}{0.6} - 5}{\dfrac{1}{1} + \dfrac{1}{0.6}} = 120(\text{V})$$

$$I_1 = \frac{U_{S1} - U_{ab}}{R_1} = \frac{130 - 120}{1} = 10(\text{A})$$

$$I_2 = \frac{U_{S2} - U_{ab}}{R_2} = \frac{117 - 120}{0.6} = -5(\text{A})$$

以上计算表明,电流源替代电阻 R_3,对电路中的电流并无影响,即图 3 - 12(b)与图 3 - 12(a)中的电流分布是相同的。

替代定理的价值在于:一旦电路中某支路电压或电流为已知,则可用一个独立源替代该支路或二端网络,从而简化电路的分析与计算。

第六节　戴维宁定理与诺顿定理

一、二端网络的概念

二端网络是指具有两个引出端的部分电路,又称为一端口网络。二端网络包括有源二端网络和无源二端网络。含有独立源的二端网络称为含源二端网络(或有源

二端网络),如图 3 - 13 右边框图所示;不包含独立源
的二端网络称为无源二端网络,如图 3 - 13 左边框图
所示。

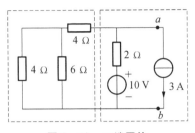

二、戴维宁定理

戴维宁定理描述为:任何一个线性含源二端网络,
对外部电路而言,总可以用一个理想电压源和电阻相串
联的实际电压源来等效代替,如图 3 - 14 所示。等效电

图 3 - 13   二端网络

压源的电动势等于原二端网络开路时的电压 U_{oc},等效电阻等于原二端网络中所有独立
源置零时的输入电阻 R_0。

下面用一个具体例子说明戴维宁定理。

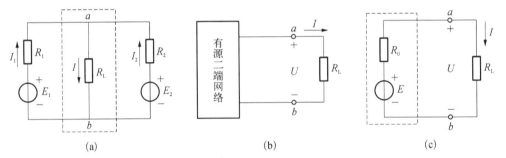

图 3 - 14   戴维宁定理举例

图 3 - 14 所示的电路中,有源二端网络如图 3 - 14(a)所示,是含有两个理想电压源
E_1、E_2 和两个电阻 R_1、R_2 的电路,其引出端为 a、b 两个点,根据戴维宁定理,该二端网络
还可以进一步等效化简为一个理想电压源 E 和内阻 R_0 串联的电路,如图 3 - 14(c)所示。

根据等效电路,ab 支路电流(负载电流)为

$$I = \frac{E}{R_0 + R_L}$$

从以上分析可以看出,利用戴维宁定理求解复杂电路中某一支路的电流是较为方便
的。下面仍以图 3 - 14(a)为例,说明戴维宁定理求解电流 I 的一般步骤。

为了将图 3 - 14(a)等效化简为图 3 - 14(c)所示的电路。首先,ab 支路以外的电路
可等效为有源两端网络,如图 3 - 15(a)所示:

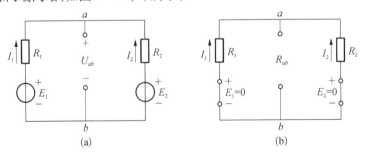

图 3 - 15   有源两端网络与等效电阻等效过程

$$E = U_{oc} = U_{ab} = \frac{E_1/R_1 + E_2/R_2}{1/R_1 + 1/R_2}$$

其次,对图 3 - 15(a)中的 E_1 和 E_2 短路后如图 3 - 15(b)所示,求等效电阻 R_0 为

$$R_0 = R_{ab} = R_1 /\!/ R_2$$

$$I = \frac{E}{R_0 + R_L}$$

$$U_{ab} = IR$$

戴维宁定理提供了将电路简化为一种标准等效形式的方法。在许多情况下,此方法可以用于简化复杂电路的分析计算。

应用戴维宁定理求解的关键在于正确理解和计算出等效电源的电动势 E 和等效电源的内阻 R_0。

三、戴维宁定理解题的一般步骤

(1)将待求电流或电压的支路断开标上字母 a、b,剩余部分是一个有源二端网络,将其等效为一个电压源,应用戴维宁定理的关键是求含源单口网络的戴维宁等效电路参数。

(2)求有源二端网络 a、b 两点间的开路电压 U_{oc}。

(3)求电压源的内阻 $R_0 = R_{ab}$(将待求支路断开,恒压源短路、恒流源开路后,a、b 两点间的等效电阻)。

R_{ab} 可以从原网络计算得出,也可以通过实验手段测出。下面介绍几种方法。

1)将网络内所有独立源为零(电压源用短路代替,电流源用开路代替),用电阻串、并联或三角形与星形等效变换化简,计算端口 ab 的输入电阻。

2)设网络内所有独立源为零,在端口 ab 处施加一电压 U,计算或测量输入端口的电流 I,则输入电阻 $R_0 = U/I$。

3)也可以用实验方法测出开路电压和短路电流,求输入电阻,如图 3 - 16 所示。

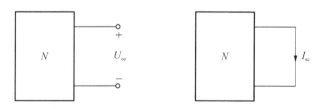

图 3 - 16 求输入电阻的开路、短路法

$R_0 = \dfrac{U_{oc}}{I_{sc}}$,$U_{oc}$ 与 I_{sc} 的方向在断路与短路支路上关联。

(4)利用欧姆定律求出待求电流或电压。

例 3 - 10 在图 3 - 17 所示电路中,已知电阻 $R_1 = 3\,\Omega$,$R_2 = 6\,\Omega$,$R_3 = 1\,\Omega$,$R_4 = 2\,\Omega$,电压 $U_S = 3\,V$,电流 $I_S = 3\,A$,试用戴维宁定理求电压 U_1。

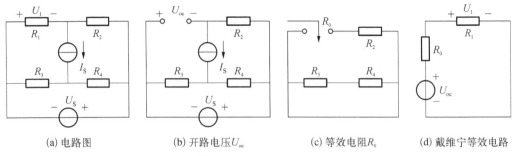

(a) 电路图　　　　　(b) 开路电压U_{oc}　　　　(c) 等效电阻R_0　　　　(d) 戴维宁等效电路

图 3 - 17　例 3 - 10 电路

解：将桥式电路应用戴维宁定理化简。

（1）将电阻 R_1 断开，余下的电路是一个线性有源二端网络，如图 3 - 17(b) 所示。

（2）该二端网络的开路电压 U_{oc} 为 $U_{oc} = -U_S + I_S R_2 = -3 + 3 \times 6 = 15(\text{V})$。

（3）求等效电源的内电阻 R_0。将电压源 U_S 短路，电流源 I_S 开路，得图 3 - 17(c) 所示电路，$R_0 = R_2 = 6\ \Omega$。

（4）画出戴维宁等效电路，如图 3 - 17(d) 所示。

$$U_1 = \frac{U_{oc}}{R_0 + R_1} R_1 = 5\ \text{V}$$

四、诺顿定理

诺顿定理可描述为：任一线性含源二端网络，对外而言，可简化为一个实际电流源模型，此理想电流源参数等于原二端网络端口处短路时的短路电流，其电阻等于原网络中所有独立源置零时，从二端口看进去的等效电阻。诺顿等效电路由一个独立电流源和诺顿等效电阻并联组成。利用电源变换，可以简单地从戴维宁等效电路得到诺顿等效电路，即诺顿定理可以从戴维宁定理等效变换得到，如图 3 - 18 所示。

戴维宁定理与诺顿定理又称为等效电源定理。戴维宁定理与诺顿定理提供了一种将较复杂的电路简化为较简单的等效形式的方法。两个定理不仅适合电阻电路，还可以用于任何由线性元件组成的电路。

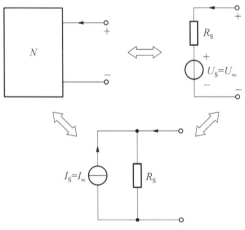

图 3 - 18　戴维宁定理与诺顿定理的等效变换

例 3 - 11　用戴维宁定理求图 3 - 19(a) 所示电路中的电流 I。

解：将电路分为 3 个部分：端钮 a、b 左侧是个含独立源的二端网络，应用戴维宁定理求其等效电路(图 3 - 19(b))。等效电路的电压源电压等于该二端网络的开路电压 U_{oc} 为

$$U_{oc} = 50 + 1.5 I_1 = 50 + 1.5 \times \frac{60 - 50}{2 + 1.5} = 54.3(\text{V})$$

等效电路的电阻等于该二端网络中所有独立源为零时的输入电阻 R_0 为

$$R_0 = \frac{2 \times 1.5}{2 + 1.5} = 0.86(\Omega)$$

端钮 c、d 右侧是个无源二端网络,其等效电路为 $3-19(c)$,等效电阻 R 为

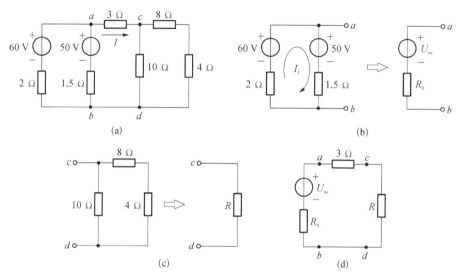

图 3-19　例 3-11 电路

$$R = \frac{10 \times (8 + 4)}{10 + 8 + 4} = 5.45(\Omega)$$

因此,图 $3-19(a)$ 简化为单回路电路(图 $3-19(d)$),可求得电流 I 为

$$I = \frac{U_{oc}}{3 + R + R_0} = \frac{54.3}{3 + 5.45 + 0.86} = 5.83(A)$$

例 3-12　电路如图 $3-20$ 所示,试分别求出各电路的戴维宁等效电路和诺顿等效电路。

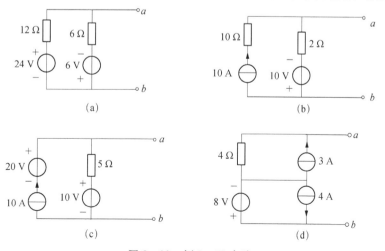

图 3-20　例 3-12 电路

解：分别采用电源的等效变换直接求取戴维宁等效电路和诺顿等效电路如下：

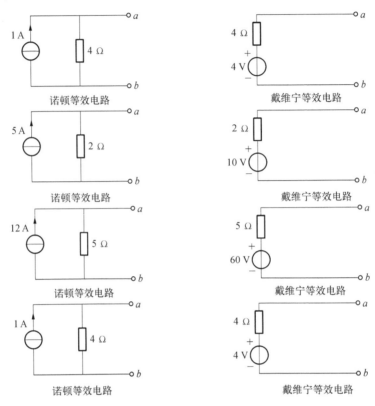

例 3 – 13 在图 3 – 21(a)所示电路中，$I_{S1} = 2\,\text{A}$，$I_{S2} = 5\,\text{A}$，$R_1 = 2\,\Omega$，$R_2 = 10\,\Omega$，$R_3 = 3\,\Omega$，$R_4 = 15\,\Omega$，$R_5 = 5\,\Omega$。试用戴维宁定理求电流 I。

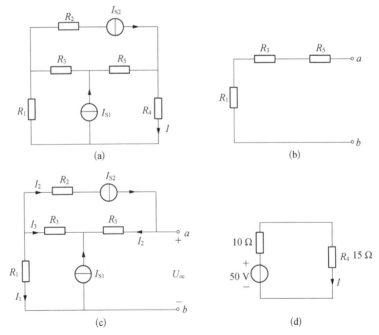

图 3 – 21 例 3 – 13 电路

解： 首先求出 R_4 电阻以左部分的等效电路。断开 R_4 后余下的看成含源一端口网络。把含源一端口网络内独立源置零，电路如图 3-21(b) 所示，可求得等效电阻 R_0 为

$$R_0 = R_1 + R_3 + R_5 = 2 + 3 + 5 = 10(\Omega)$$

设其开路电压为 U_{oc}，电路如图 3-21(c) 所示，由电路结构可看出

$$I_1 = I_{S1} = 2(A)，I_2 = I_{S2} = 5(A)$$

由 KCL 可得

$$I_1 + I_2 + I_3 = 0$$

所以

$$I_3 = -(I_1 + I_2) = -7(A)$$

由 KVL 可得　　$U_{oc} = R_5 I_2 - R_3 I_3 + R_1 I_1 = 5 \times 5 - 3 \times (-7) + 2 \times 2 = 50(V)$

画出戴维宁等效电路，接上待求支路 R_4，如图 3-21(d) 所示，得

$$I = \frac{50}{10 + 15} = 2(A)$$

第七节　最大功率传输定理

一、功率传输最大的条件

　　给定一个含独立源的二端网络，若接在它两端的负载电阻不同，则从二端网络传输给负载的功率也不同。在什么条件下负载获得最大功率？

　　由前面内容我们知道一个含源线性二端网络，总可以用一个戴维宁等效电路对外部等效。当这个含源线性二端网络外接一个负载电阻时，如图 3-22(a) 所示，其中等效电源发出的功率将由等效电阻与负载电阻共同吸收，如图 3-22(b) 所示。在电子技术中，总希望负载电阻上所获得的功率越大越好。在什么条件下，负载电阻可获得最大功率？负载电阻的最大功率值 P_{max} 是多少。

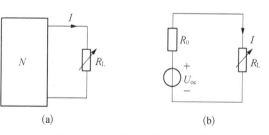

图 3-22　负载电阻的最大功率

　　为求得负载电阻的最大功率，利用数学中求极值的方法进一步分析如下：

　　一个含有内阻 R_0 的电源给 R_L 供电，其功率为

$$P_L = I^2 R_L = \left(\frac{U_{oc}}{R_0 + R_L}\right)^2 R_L \qquad (3-20)$$

　　将功率 P_L 对 R_L 求导，并令其导数等于零，得

$$\frac{dP_L}{dR_L} = \frac{dI^2R_L}{dR_L} = U_{oc}^2\left[\frac{(R_0 + R_L)^2 - 2(R_0 + R_L)R_L}{(R_0 + R_L)^4}\right] = \frac{(R_0 - R_L)U_{oc}^2}{(R_0 + R_L)^3} = 0$$

得最大功率条件为

$$R_L = R_0 \qquad\qquad (3-21)$$

当满足 $R_L = R_0$ 时,称为负载与电源匹配。

将式(3-21)代入式(3-20)得负载电阻的最大功率为

$$P_{max} = \frac{U_{oc}^2}{4R_0} \qquad\qquad (3-22)$$

最大功率传递定理的实际应用包括音频系统,如立体声、收音机和扩音器。在这些系统中扬声器的电阻就是负载。在电信工程中,信号一般很弱,常要求从信号源获得最大功率(如收音机中供给扬声器的功率),因此,必须满足匹配条件。

例 3-14 如图 3-23(a)所示,已知 $U_{S1} = U_{S2} = 10\,V$,$U_{S3} = 11\,V$,$I_S = 20\,A$,$R_1 = 3\,\Omega$,$R_2 = 6\,\Omega$,$R = 15\,\Omega$。(1) 试用戴维宁定理求电流 I;(2) 当电阻 R 取何值时,它从电路中获取最大功率,最大功率为多少?

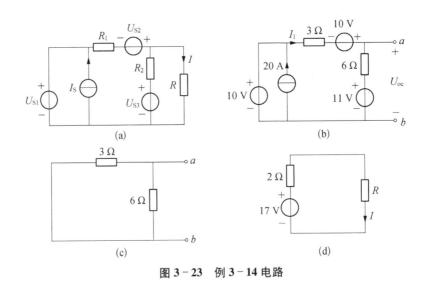

图 3-23 例 3-14 电路

解:(1) 求出 R 电阻以左部分的等效电路。断开 R,设开路电压 U_{oc} 如图 3-23(b)所示。

由 KVL 得

$$-10 + 3I_1 - 10 + 6I_1 + 11 = 0 \Rightarrow I_1 = 1(A)$$

故开路电压为 $\qquad U_{oc} = 6I_1 + 11 = 6 + 11 = 17(V)$

把含源一端口内独立源置零,电路如图 3-23(c)所示,得等效电阻为

$$R_0 = \frac{R_1 R_2}{R_1 + R_2} = 2(\Omega)$$

画出戴维宁等效电路,接上待求支路 R_4,如图 3-23(d)所示,得

$$I = \frac{17}{2 + R} = \frac{17}{2 + 15} = 1(A)$$

（2）根据最大功率传输定理知,当电阻 $R = R_0 = 2\,\Omega$ 时,得最大功率为

$$P_{\max} = \frac{U_{oc}^2}{4R_0} = \frac{17^2}{4 \times 2} = 36.125(W)$$

第八节　应用实例:电阻器

一、电阻器的作用

电子元器件是构成电子产品的基础。任何一台电子设备都是由具有一定功能的电路、部件按照一定的工艺结构组成的。电子设备的性能及质量的优劣,不仅取决于电路原理设计、结构设计、工艺设计的水平,还取决于能否正确合理地选用电子元器件及各种原材料。

电阻器简称电阻,是电子设备中使用最多的基本元件之一。统计表明,电阻器在一般电子产品中要占到全部元件的 50% 左右。掌握一些常用的电阻元件的主要特点、性能、参数指标和型号命名方法,了解不同类型的电阻元件的特性,有利于今后的学习和工作。

电阻器在电路中的主要作用不仅是控制电压、电流的大小,还可以与其他元件配合,组成耦合、滤波、反馈、补偿、取样等各种不同功能的电路。许多情况下,电阻在电子设备中具有特殊作用。

在远距离传输电能的强电工程中,电阻是十分有害的,它消耗了大量的电能。

二、电阻器的分类

不同类型的电阻器如图 3-24 所示。

1. 按结构分类

电阻按结构分为固定电阻器、可变电阻器、敏感电阻器(光敏电阻、压敏电阻、湿敏电阻等),如图 3-23 所示。

2. 按外形分类

电阻按外形分为圆柱形、管形、方形、片状、集成电阻。

3. 按用途分类

电阻按用途分为普通型、精密型、功率型、高压型、高阻型、高频型、集成型、保险型。

（1）普通型(通用型)电阻:适用于一般技术要求的电阻,功率为 0.05(1/20)~2 W,

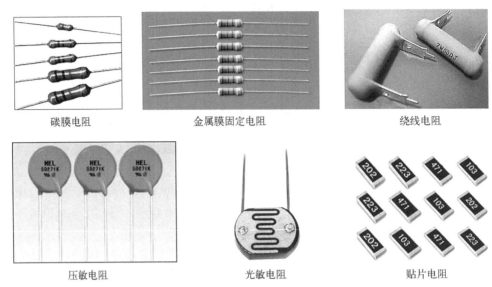

图 3 - 24   不同类型的电阻器

阻值为 1 Ω ~ 22 MΩ,偏差为 ±5% ~ ±20%。

（2）精密型电阻：功率小于 2 W,阻值为 0.01 Ω ~ 20 MΩ,偏差为 0.001% ~ 2%。

（3）功率型电阻：功率为 2 ~ 200 W,阻值为 0.15 Ω ~ 1 MΩ,精度为 ±5% ~ ±20%,多为线绕电阻,不宜在高频电路中使用。

（4）高压型电阻：适用于高压装置中,工作电压为 1 000 V ~ 100 kV,高的可达 35 GV,功率为 0.5 ~ 100 W,阻值可达 1 000 MΩ。

（5）高阻型电阻：阻值在 10 MΩ 以上,最高可达 10^{14} Ω。

（6）高频型电阻：其自身电感量极小,又称无感电阻,阻值小于 1 kΩ,功率可达 100 W,可用于频率在 10 MHz 以上的电路。

（7）集成型电阻：是一种电阻网络,具有体积小、规整化、精密度高等特点,适用于电子仪器仪表及计算机产品中。

（8）保险型电阻：采用不燃性金属膜制造,具有电阻与保险丝的双重作用,阻值为 0.33 Ω ~ 10 kΩ。

4. 电阻按材料分类

电阻按材料分为合金型、薄膜型及合成型。

（1）合金型电阻：用块状电阻合金拉成合金线或碾成合金箔片,制成电阻。如线绕电阻,精密合金箔电阻等。

（2）薄膜型电阻：在玻璃或陶瓷基体上沉积一层电阻薄膜,膜的厚度一般在几微米以下,薄膜材料有碳膜、金属膜、化学沉积膜、金属氧化膜等。

（3）合成型电阻：电阻体由导电颗粒(石墨、碳黑)和有机(无机)黏接剂混合而成,可以制成薄膜或实芯两种类型。

5. 电位器简介

电位器是一种阻值可调的电阻器,它由可变电阻器演变而来,电位器的主要用途是在电路中作为分压器或变阻器,用来调节电压和电流。各类不同的电位器实物如图 3 - 25 所示。

旋转式电位器   按键式电位器

推拉式电位器   滑动变阻器

图 3-25 各类电位器实物图

旋转式电位器一般均由电阻体(电阻片)、滑动臂、转柄(滑柄)、外壳及焊片等构成,如图 3-26 所示。其中的焊片 A、B 与电阻体两端相连,其值为电位器的最大阻值,是一个固定值。电位器的焊片 C 与滑动臂相连,滑动臂是一个有一定弹性的金属片,它靠弹性紧压在电阻片上。滑动臂随转柄转动在电阻体上滑动。焊片 C 与焊片 A 或焊片 C 与焊片 B 之间的阻值随着滑柄转动而变化,电阻片两端有一段涂银层,是为了让滑动臂滑到端点时,与焊片 A、焊片 B 之间的电阻为最小,并保持良好的接触。

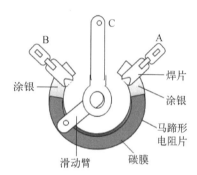

图 3-26 旋转式电位器构造图

三、主要技术参数指标

电阻器的主要技术参数指标包括:额定功率、标称阻值、允许偏差、温度系数、非线性度、噪声系数。由于电阻器表面积有限,一般只标明阻值、精度、材料和额定功率,对于功率小于 0.5 W 的小电阻,通常只标明值和精度,材料及功率由外形颜色和尺寸判断。

1. 额定功率

电阻器是耗能元件,在工作电路中将电能转化为热能释放。如果耗能太多,那么电阻器将会被烧毁。电阻器在电路中长时间连续工作不损坏或不显著改变其性能时所允许消耗的最大功率,称为电阻器的额定功率(负荷功率)。不同类型的电阻器有不同的额定功率。

电阻器的额定功率不是电阻器在实际工作时所必须消耗的功率,而是电阻器在工作时允许消耗功率的限制。为防止电阻器在电路中被烧毁,在选择电阻器时,应使额定功率高于实际消耗功率的 1.5~2 倍。

2. 标称阻值与允许偏差

由于工厂商品化生产的需要,电阻元件产品的规格是按一种特定数列提供的,考虑到技术上和经济上的合理性,目前主要采用 E 数列作为电阻元件规格。

E 数列通项公式为

$$a_n = \left(\sqrt[E]{10} \right)^{n-1}, \quad n = 1, 2, 3, \cdots \tag{3-23}$$

当 E 取不同数值时,计算所得数值四舍五入取近似值,形成数值系列(此系列 E 一经选定,取 E 个值时,即可得出 E 个数值,当 n 大于 E 时,可得出又一组数值,分别是前一组数值的 10 倍)。

E 取 6、12、24、48…所得数值构成数列,分别称为 E6、E12、E24、E48…系列。电阻元件的数值即是按此数列分布的。同时,对应不同的数列,允许偏差值也不同,数值分布越疏,偏差越大。常用的 E6、E12、E24 系列对应的偏差分别为 ±20%、±10%、±5%(E48 为±2%、E96 为±1%)。

理论上讲,任一数值规格,都可在相邻两数值中找到,即在同一数列中,标称阻值的偏差是衔接或重叠的(有少数因取舍化整略有间隙)。例如,E12 系列中的 2.7 与 3.3,若偏差为 10%,则 2.7×(1+0.1) 为 2.97,而 3.3×(1-0.1) 也为 2.97,即 2.7 与 3.3 之间所有数值均被覆盖。因此,工厂生产的电阻元件都是按 E 系列生产的,具体生产时,系列的数值乘以 10^n 即可得出全系列数值。

由以上可知,市场上买不到 50 kΩ 的电阻,而只能根据精度要求在相应系列中选择接近的规格(除非电路性能有特别要求),一般尽可能选择普通系列规格。

精密电阻元件可选用 E48(±2%)、E96(±1%)、E192(±0.5%)等系列,但由于制造、筛选及测试成本增高,使用数量较少,这些电阻元件价格要比常用系列高出数倍甚至数十倍。

3. 温度系数

所有材料的电阻率,都随温度而变化,在衡量电阻温度稳定性时,使用温度系数:

$$\alpha_r = \frac{R_2 - R_1}{R_1(t_2 - t_1)} \; 1/℃ \tag{3-24}$$

式中,α_r 为电阻温度系数,单位为 1/℃;R_1、R_2 分别是温度为 t_1、t_2 时电阻的电阻值,单位为 Ω。

电阻的温度系数可正可负。其绝对值越大,性能越不稳定。一般金属膜、合成膜具有较小的正温度系数,碳膜电阻具有负温度系数。

四、电阻元件的标识方法

固定电阻器的标识方法有三种形式:直标法、数码标识法和色环标注法。

1. 直标法

在电阻元件表面直接标出数值与偏差。直标法也称为文字标注法,其可以用单位符号代替小数点,例如,0.33 Ω 可标为 Ω33,3.3 k 可标为 3 k3。直标法一目了然,但只适用于较大体积元件,电位器一般均采用直标法,电位器外壳上用字母和数字标识它们的型号、标称功率、阻值、阻值与转角间的关系等。

2. 数码标识法

用三位数字表示电阻元件的标称值,从左至右,前两位数表示有效数,第三位是有效数字后零的个数,即前两位数乘以 $10n(n = 0～8)$。当采用数码标识法时,电阻默认单位为

Ω,在数码后边往往用字母表示偏差。

3. 色环标注法

色环电阻是在电阻封装上(即电阻表面)涂上一定颜色的色环,用色环表示电阻器的数值与偏差,不同颜色代表不同数值(标称值和偏差)。色环是早期帮助人们分辨不同阻值而设定的标准。色环电阻是电子电路中最常用的电子元件,小功率电阻较多情况下使用色环标注法,0.5 W 以下的碳膜电阻和金属膜电阻更为普遍。在家用电器、电子仪表、电子设备中常常可以见到。

在实际工作中,如何快速找到自己想要的电阻的阻值,以提高工作效率,是一项基本技能。现在,能否识别色环电阻,已是考核电子行业人员的基本项目之一。色环标注的基本色码及意义如图 3-27 所示。

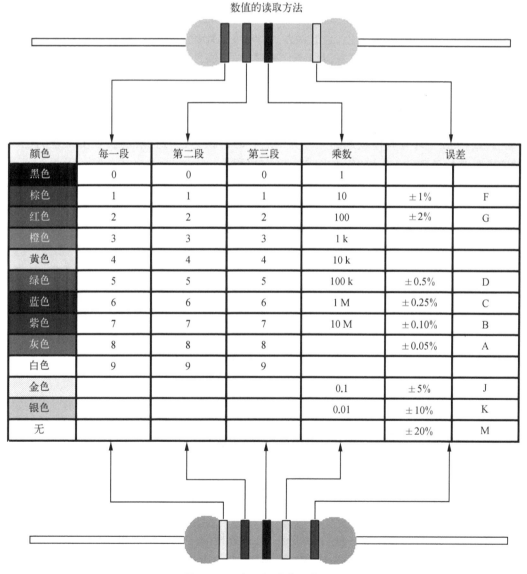

数值的读取方法

颜色	每一段	第二段	第三段	乘数	误差	
黑色	0	0	0	1		
棕色	1	1	1	10	±1%	F
红色	2	2	2	100	±2%	G
橙色	3	3	3	1 k		
黄色	4	4	4	10 k		
绿色	5	5	5	100 k	±0.5%	D
蓝色	6	6	6	1 M	±0.25%	C
紫色	7	7	7	10 M	±0.10%	B
灰色	8	8	8		±0.05%	A
白色	9	9	9			
金色				0.1	±5%	J
银色				0.01	±10%	K
无					±20%	M

图 3-27　色环标注电阻的识别

　　以上规律类似彩虹七色,黑色是 0,棕色是 1,红、橙、黄、绿、蓝、紫、灰、白对应 2~9,金、银对应 5%或 10%误差。

　　(1)四色环电阻

　　四色环电阻指用四条色环表示阻值的电阻,从左向右数,第一道色环表示阻值的最大一位数字;第二道色环表示阻值的第二位数字;第三道色环表示阻值倍乘的数;第四道色环表示阻值允许的偏差(精度)。

　　四环电阻如图 3-27 上方所示,第一环为红色(代表 2)、第二环为红色(代表 2)、第三环为黑色(代表 0)、第四环为金色(代表±5%),表示该电阻的阻值是 220 Ω,误差范围±5%。

　　(2)五色环电阻

　　五色环电阻,是指用五条色环表示阻值的电阻,如图 3-27 下方所示。五色环电阻为精密电阻。从左向右数,前三环为数值,第四环表示阻值的倍乘数,第五环(最后一环)表示误差,通常是金、银、棕和无色,金的误差为 5%,银的误差为 10%,棕色的误差为 1%,无色的误差为 20%,另外,偶尔还有以绿色代表误差的,绿色的误差为 0.5%。精密电阻通常用于军事、航天等方面。

　　(3)首环的正确识别

　　1)离端部近的为首环,如图 3-28 左端所示。

　　2)端头任一环与其他较远的一环为最后一环即误差,为避免混淆,表示误差的色环的宽度是其他色环的 1.5~2 倍,如图 3-28 右端所示。

图 3-28　首环识别

　　标称在色环电阻上的电阻值称为标称值。单位:Ω、kΩ、MΩ。标称值是根据国家制定的标准系列标识的,不是生产者任意标定的。不是所有阻值的色环电阻都存在。在电子技术行业中,追求简洁和约定俗成的习惯使元器件标识逐渐简化。电阻的数值一般省掉"Ω"符号,如果一个电阻没有度量单位,那么就被认为是欧姆。

本 章 小 结

一、知识概要

　　本章讲述电路的分析方法包括两部分:电路分析的一般方法及电路的主要定理。电路分析的一般方法包括支路电流法、网孔电流法、节点电压法。电路的主要定理包括叠加定理、替代定理、戴维宁定理、诺顿定理、最大功率传输定理。

由基尔霍夫定律及欧姆定律导出支路电流法是最基本的方法,原则上可以分析所有电路,但需要列写的方程数目较多,因此对较复杂的电路并不常用。最常用的是节点电压法,这给列方程、解方程带来方便。网孔电流法也是一种常用的分析方法,尤其对于平面电路,可选网孔回路作为独立回路,较为方便。

叠加定理、替代定理、戴维宁定理、诺顿定理、最大功率传输定理及一些变换方法对于解决某些类型的电路问题十分有用。

本章内容的数学基础是线性代数方程组或矩阵代数方程。熟练、正确地求解线性代数方程组或矩阵代数方程,是学好本章内容的必要条件。

二、知识重点

本章的重点为网孔电流法、节点电压法、叠加定理、戴维宁定理和最大功率传输定理及其应用。

三、思维导图

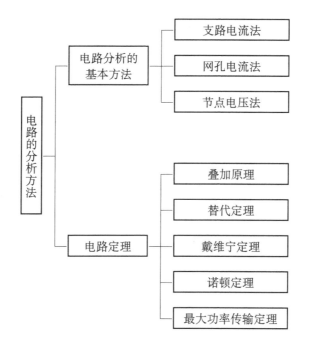

习 题

3-1 在题 3-1 图所示的电路中,已知电压源 $U_{S1} = 140$ V,$U_{S2} = 90$ V,电阻 $R_1 = 20$ Ω,$R_2 = 5$ Ω,$R_3 = 60$ Ω。试用支路电流法求各支路电流 I_1、I_2 和 I_3。

3-2 用支路电流法求题 3-2 图电路中各支路电流。

3-3 用网孔电流法再求题 3-2 图所示的各支路电流。

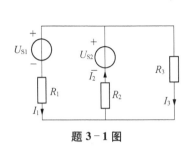

题 3-1 图

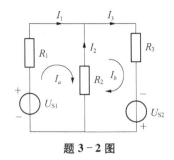

题 3-2 图

3-4 用网孔电流法求题 3-4 图中各支路电流。

3-5 列出求解题 3-5 图电路中各网孔电流所必需的方程。

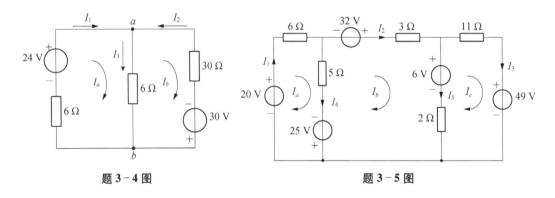

题 3-4 图　　　　　　　　　题 3-5 图

3-6 电路如题 3-6 图所示,列出用网孔电流法求解所需的方程。若已知 $R_1 = R_5 = 1\ \Omega$, $R_2 = 3\ \Omega$, $R_3 = R_4 = 2\ \Omega$, 求各支路电流。

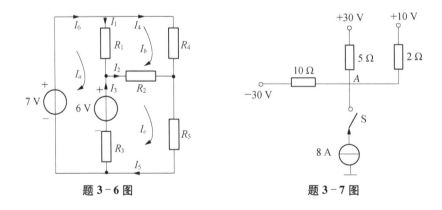

题 3-6 图　　　　　　　　　题 3-7 图

3-7 电路如题 3-7 图所示,试计算开关 S 断开和闭合时 A 点的电位和各支路电流。

3-8 在题 3-8 图所示电路中, $U_{S1} = 9\ \text{V}$, $U_{S2} = 4\ \text{V}$, $I_S = 11\ \text{A}$, $R_1 = 3\ \Omega$, $R_2 = 2\ \Omega$, $R_3 = 6\ \Omega$。试求 A 点的电位和各电源的功率,并指出是提供功率还是吸收功率。

3-9 在题 3-9 图所示电路中,设 $U_{S1} = U_{S2} = 8\ \text{V}$, $I_S = 2\ \text{A}$, $R_1 = 2\ \Omega$, $R_2 = 3\ \Omega$, $R_3 = 6\ \Omega$。试求电流 I_1、I_2 和 I_3。

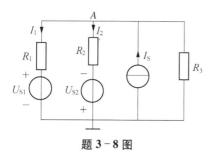

题 3-8 图

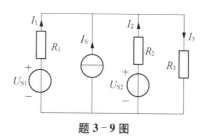

题 3-9 图

3-10 在题 3-10 图所示电路中,设 $U_{S1} = 10\ V$, $U_{S2} = 9\ V$, $U_{S3} = 6\ V$, $I_S = 1\ A$, $R_1 = 2\ \Omega$, $R_2 = 3\ \Omega$, $R_3 = 3\ \Omega$, $R_4 = 3\ \Omega$, $R_5 = 6\ \Omega$。

(1) 以节点 4 为参考点,求节点 1、2、3 的节点电压;

(2) 求支路电流 I_1、I_2、I_3、I_4 和 I_5。

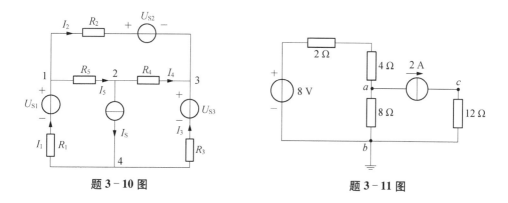

题 3-10 图   题 3-11 图

3-11 用节点电压法求题 3-11 图所示电路中 V_a 和电压 U_{ac}。

3-12 如题 3-12 图所示,已知电压源 $U_{S1} = 80\ V$, $U_{S2} = 30\ V$, $U_{S3} = 220\ V$,电阻 $R_1 = 20\ \Omega$, $R_2 = 5\ \Omega$, $R_3 = 10\ \Omega$, $R_4 = 4\ \Omega$。 试计算开关 S 断开和闭合时各支路电流。

3-13 如题 3-13 图所示,用叠加定理求电压 u。

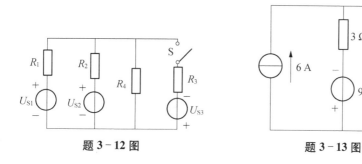

题 3-12 图   题 3-13 图

3-14 如题 3-14 图所示,用叠加定理求 I_2、I_3 和 U_{S1}。

3-15 用戴维宁定理求题 3-15 图电路中的电流 I。

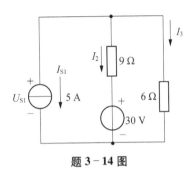

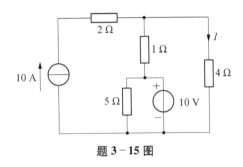

题 3-14 图　　　　　　　　　题 3-15 图

3-16　用戴维宁定理求题 3-16 图电路中的电流 I_3。

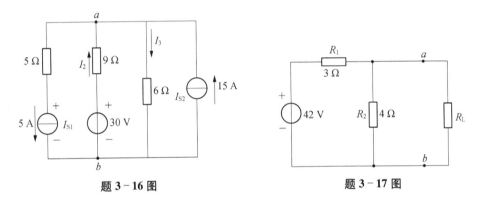

题 3-16 图　　　　　　　　　题 3-17 图

3-17　如题 3-17 图所示，计算当 R_1 获得最大功率时，R_L 的值。

3-18　求题 3-18 图电路中 R_L 可获得的最大功率的阻值。

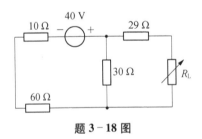

题 3-18 图

参考答案

3-1　$I_1 = -\dfrac{37}{16}\text{A}$，$I_2 = -\dfrac{3}{4}\text{A}$，$I_3 = \dfrac{25}{16}\text{A}$

3-2　$I_1 = \dfrac{(R_2 + R_3)U_{S1} + R_2 U_{S2}}{R_1 R_2 + R_2 R_3 + R_3 R_1}$，$I_2 = \dfrac{R_1 U_{S2} - R_3 U_{S1}}{R_1 R_2 + R_2 R_3 + R_3 R_1}$，$I_3 = \dfrac{(R_1 + R_2)U_{S2} + R_2 U_{S1}}{R_1 R_2 + R_2 R_3 + R_3 R_1}$

3-3　$I_1 = I_a = \dfrac{(R_2 + R_3)U_{S1} + R_2 U_{S2}}{R_1 R_2 + R_2 R_3 + R_3 R_1}$

$I_2 = I_b - I_a = \dfrac{R_1 U_{S2} - R_3 U_{S1}}{R_1 R_2 + R_2 R_3 + R_3 R_1}$

$I_3 = I_b = \dfrac{(R_1 + R_2)U_{S2} + R_2 U_{S1}}{R_1 R_2 + R_2 R_3 + R_3 R_1}$

3-4　$I_1 = I_a = 5.5\,\text{A}$,　$I_2 = I_b = -7\,\text{A}$,　$I_3 = I_a + I_b = 5.5 - 7 = -1.5\,(\text{A})$

3-5　$(6 + 5)I_a - 5I_b = 25 + 20$

$(5 + 3 + 2)I_b - 5I_a - 2I_c = -25 + 32 - 6$

$(2 + 11)I_c - 2I_b = 6 - 49$

3-6　网孔电流方程为

$(R_1 + R_3)I_a - R_1 I_b - R_3 I_c = 7 - 6$

$-R_1 I_a + (R_1 + R_2 + R_4)I_b - R_2 I_c = 0$

$-R_3 I_a - R_2 I_b + (R_2 + R_3 + R_5)I_c = 6$

$I_1 = I_a - I_b$

$I_2 = -I_b + I_c$

$I_3 = I_c - I_a$

$I_4 = I_b$

$I_5 = I_c$

$I_6 = I_a$

3-7　(1) 当 S 断开时，电路如题 3-7 图(a)所示，$U_A = 10\,\text{V}$

支路电流：$I_1 = -4\,\text{A}$, $I_2 = -4\,\text{A}$, $I_3 = 0\,\text{A}$

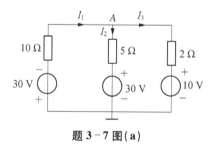
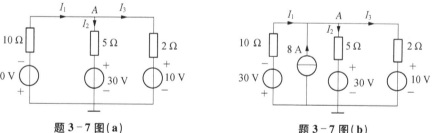

题 3-7 图(a)　　　　　　　　题 3-7 图(b)

(2) 当 S 闭合时，电路如题 3-7 图(b)所示，$U_A = 20\,\text{V}$

支路电流：$I_1 = -5\,\text{A}$, $I_2 = -2\,\text{A}$, $I_3 = 5\,\text{A}$

3-8　$U_A = 12\,\text{V}$, $P_{U_{S1}} = 9\,\text{W}$,吸收功率

$P_{U_{S2}} = -32\,\text{W}$,提供功率；$P_{I_S} = -132\,\text{W}$,提供功率

3-9　$I_1 = \dfrac{25}{3}\,\text{A}$, $I_2 = \dfrac{50}{9}\,\text{A}$, $I_3 = \dfrac{13}{9}\,\text{A}$

3-10　$U_1 = 6\,\text{V}$, $U_2 = 6\,\text{V}$, $U_3 = 9\,\text{V}$

$I_1 = 2\,\text{A}$, $I_2 = 3\,\text{A}$, $I_3 = -1\,\text{A}$, $I_4 = -1\,\text{A}$, $I_5 = 0\,\text{A}$

3-11 $V_a = -\dfrac{16}{7}$V, $U_{ac} = -26.3$ V

3-12   (1) 开关 S 断开：$I_1 = -3$ A, $I_2 = -2$ A, $I_4 = 5$ A

(2) 开关 S 闭合：$I_1 = -5$ A, $I_2 = -10$ A, $I_3 = 20$ A, $I_4 = -5$ A

3-13 $u = 6$ V

3-14 $I_2 = -4$ A, $I_3 = -1$ A, $U_{S1} = 31$ V

3-15 $I = 4$ A

3-16 $I_3 = 8$ A

3-17 $R_L = 12\ \Omega$

3-18 $R_L = R_0 = 50\ \Omega$

第四章　非线性电阻电路

学习要点

（1）理解非线性电阻元件特点及非线性电阻电路的常见分析方法,如图解法、分段线性法、小信号分析法。

（2）熟悉非线性电路方程的建立方法。

（3）了解分压器、分流器电路与分压、分流的测量方法。

第一节　非线性电阻

一、非线性电阻元件的伏安特性曲线

在电路分析中,线性元件的特点是其参数不随电压或电流变化。如果元件参数随着电压或电流变化就称为非线性元件。例如,线性电阻元件的伏安特性可由欧姆定律 $u = Ri$ 表示,在 $u-i$ 平面是通过原点的一条直线。非线性电阻元件的伏安特性不满足欧姆定律而遵循某种特定的非线性函数关系。含有非线性电阻元件的电路称为非线性电阻电路。

实际电路元件的参数总是或多或少随着电压、电流的变化而变化。所以严格说来,一切电路都是非线性电路。只不过在工程计算中,将那些非线性程度比较微弱的电路元件作为线性元件来处理,不会带来本质的差异,从而简化电路的分析。但许多非线性元件的非线性特征不容忽略,否则作为线性元件处理,将产生本质的差异。非线性电路本身具有特殊性,因此分析非线性电路具有重要的意义。

非线性电阻元件在电路中的符号如图 4-1(a)所示。图 4-1(b)所示为白炽灯所用钨丝的伏安特性曲线,它在额定电流下的电阻比小电流下的电阻大得多。

非线性电阻元件有以下几种类型。

1. 电流控制型电阻

若非线性电阻元件两端的电压是其电流的单值函数,则这种电阻称为电流控制型电阻,它的伏安特性可用下列函数关系表示:

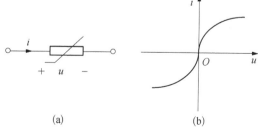

图 4-1　非线性电阻

$$u = f(i) \tag{4-1}$$

其伏安特性曲线如图4-2(a)所示,呈S形。从曲线上可以看到:对于每一个电流值i,有且只有一个电压值u与之相对应;而对于某一电压值,与之对应的电流可能是多值的。某些充气的二极管就具有这种伏安特性。

2. 电压控制型电阻

若通过非线性电阻元件中的电流是其两端电压的单值函数,则这种电阻称为电压控制型电阻。它的伏安特性可用下列函数关系表示:

$$i = g(u) \tag{4-2}$$

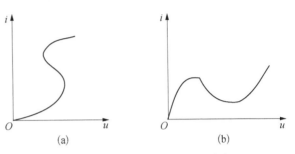

图4-2 电流、电压控制型非线性电阻

其伏安特性曲线如图4-2(b)所示,呈N形。从曲线上可以看到:对于每一个电压值u,有且只有一个电流值i与之相对应;而对于某一电流值,与之对应的电压可能是多值的。隧道二极管就具有这种伏安特性。

3. 单调型非线性电阻

电阻的伏安特性曲线是单调增长或单调下降的,这种电阻称为单调型非线性电阻。它既属于电流控制型又属于电压控制型。这类电阻以PN结二极管为典型例子,其伏安特性曲线如图4-3所示。

线性电阻是双向性的,而许多非线性电阻具有单向性。当加在非线性电阻两端的电压方向不同时,流过它的电流完全不同,故特性曲线不对称于原点。在工程中,非线性电阻的单向导电性可以用于整流。

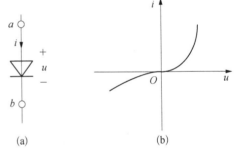

图4-3 二极管的伏安特性曲线

例4-1 某非线性电阻的伏安特性为$u = f(i) = 20i + i^2$。

(1) 当$i = 2\sin(\omega t)$A 时,其电压u为多少?

(2) 设$i = i_1 + i_2$,试问电压u是否等于$(u_1 + u_2)$?

解: (1) 当$i = 2\sin(\omega t)$A 时,有

$$u = [20 \times 2\sin(\omega t) + 4\sin^2(\omega t)]\text{V} = [2 + 40\sin(\omega t) - 2\cos(2\omega t)]\text{V}$$

从上述计算可以看出,电压u中含有2倍于电流频率的分量,所以利用非线性电阻可以产生不同输入频率的输出,这种作用也称为倍频。

(2) 当$i = i_1 + i_2$ 时,有

$$\begin{aligned}u &= 20(i_1 + i_2) + (i_1 + i_2)^2 \\ &= 20i_1 + 20i_2 + i_1^2 + i_2^2 + 2i_1 i_2 \\ &= u_1 + u_2 + 2i_1 i_2\end{aligned}$$

可见,一般情况下,$i_1 + i_2 \neq 0$,因此有

$$u \neq u_1 + u_2$$

所以叠加定理不适用于非线性电路。

二、静态电阻和动态电阻

　　非线性电阻的阻值随电压或电流的变化而变化,出于计算考虑,引入静态电阻和动态电阻的概念。非线性电阻元件在某一工作状态下的静态电阻 R 等于该点的电压 u 和电流 i 之比,即

$$R = \frac{u}{i}$$

显然 P 点的静态电阻正比于 $\tan \alpha$。

　　非线性电阻元件在某一工作状态下的动态电阻 R_d 等于该点的电压 u 变化量和电流 i 变化量之比,即电压对电流的导数值:

$$R_d = \frac{\mathrm{d}u}{\mathrm{d}i}$$

显然 P 点的动态电阻正比于 $\tan \beta$,即正比于特性曲线 P 点切线的斜率。在电子技术中有时把动态电阻称为微变电阻。在通常情况下,$\tan \alpha \neq \tan \beta$,且静态电阻总是正的,而动态电阻可正可负。例如,图 4-2 所示的特性曲线下降部分,动态电阻就是负的。

第二节　非线性电阻电路的解析法

　　在电路的分析与计算中,由于基尔霍夫定律对于线性电路和非线性电路均适用,所以线性电路方程与非线性电路方程的差别仅是由元件特性不同而引起的。对于非线性电阻电路列出的方程是一组非线性代数方程。下面通过实例说明这种解析法。

　　例 4-2　电路如图 4-4 所示,已知 $R_1 = 3 \ \Omega$,$R_2 = 2 \ \Omega$,$u_s = 10 \ \text{V}$,$i_s = 1 \ \text{A}$,非线性电阻的特性是电压控制型的,$i = u^2 + u$,试求 u。

　　解:应用 KCL 有

$$i_1 = i_s + i$$

对于回路 1 应用 KVL,有

$$R_1 i + R_2 i_1 + u = u_s$$

将 $i_1 = i_s + i$,$i = u^2 + u$ 代入上式,得电路方程为

$$5u^2 + 6u - 8 = 0$$

解得

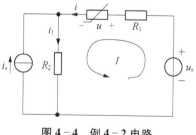

图 4-4　例 4-2 电路

$$u' = 0.8 \text{ V}, \quad u'' = -2 \text{ V}$$

可见,非线性电路的解可能不唯一。

如果电路中既有电压控制的电阻,又有电流控制的电阻,那么建立方程的过程就比较复杂,其解析解一般都是难以求得的,但可以利用计算机应用数值法求得数值解。

第三节　非线性电阻电路的图解法

由于非线性电阻的阻值不是常数,并且叠加定理不再适用,对非线性电阻电路的一般分析法是列出一组非线性代数方程,然而其解析通解的过程比较复杂。因此,通常用图解法来分析非线性电阻电路,这种方法包括曲线相加法和曲线相交法。

一、曲线相加法

1. 非线性电阻的串联

图 4-5(a)所示为两个非线性电阻串联,它们的伏安特性分别为 $u_1 = f_1(i)$,$u_2 = f_2(i)$。设串联后等效电阻的伏安特性为 $u = f(i)$,根据 KCL 有 $i = i_1 = i_2$,根据 KVL 有 $u = u_1 + u_2$,于是等效电阻的伏安特性可表示为

$$u = f(i) = f_1(i) + f_2(i) \qquad (4-3)$$

这表示,其驱动点特性为一个电流控制的非线性电阻串联组成的等效电阻。取不同的 i 值,可逐点求出其等效伏安特性 $u = f(i)$,两个非线性电阻串联的伏安特性曲线如图 4-5(b)所示。例如,在图 4-4(b)中的横坐标取电流 $i = i'$,由两个电阻的伏安特性曲线得到对应的电压值 $u_1' = f_1(i')$、$u_2' = f_2(i')$,则用 $u' = u_1' + u_2'$ 作为纵坐标,即确定了等效电阻的伏安特性曲线的 A 点,这样逐点描绘就可得出等效的伏安特性曲线要获得两个非线性电阻串联时的等效电阻伏安特性 $u = f(i)$ 的曲线。

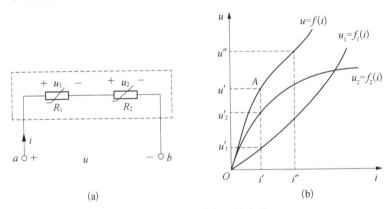

(a) (b)

图 4-5　非线性电阻的串联

例 4-3　设图 4-5(a)中 R_1 为一个线性电阻,其值为 50 Ω,R_2 为一个非线性电阻,其伏安特性为 $u = f_2(i_2)$,如图 4-6(a)所示。现将 R_1 和 R_2 串联接到电压为 6 V 的电源,试求电路的电流和各个电阻的电压。

解： 如图 4 - 6(b)所示，在同一坐标中画出 R_1 的伏安特性曲线 $u = f_1(i_1) = 50i_1$ 和 R_2 的伏安特性曲线 $u_2 = f_2(i_2)$，画出两个电阻串联时等效电阻的伏安特性曲线。每取一个电流值，根据 $u = u_1 + u_2$，将 $f_1(u_1)$ 与 $f_2(u_2)$ 的电压值在纵坐标相加，这样逐点相加就可得出等效电阻的伏安特性曲线。

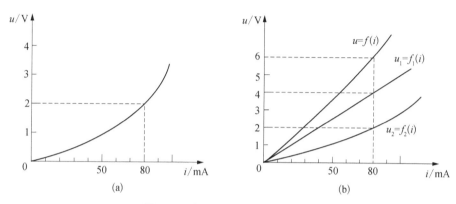

图 4 - 6 例 4 - 3 伏安特性曲线图

2. 非线性电阻的并联

图 4 - 7(a)所示为两个非线性电阻并联，它们的伏安特性分别为 $i_1 = f_1(u)$、$i_2 = f_2(u)$。设并联时等效电阻的伏安特性为 $i = f(u)$，根据 KCL 有 $i = i_1 + i_2$，根据 KVL 有 $u = u_1 = u_2$，于是等效电阻的伏安特性可表示为

$$i = f(u) = f_1(u) + f_2(u) \tag{4-4}$$

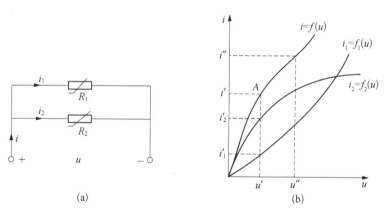

图 4 - 7 非线性电阻的并联

因此，此端口的驱动特点是一个电压控制型的非线性电阻，当用图解法分析两个电阻的并联电路时，把同一电压值下的各并联非线性电阻的电流值相加，即可得其电路的伏安特性曲线，如图 4 - 7(b)所示。

二、曲线相交法

对于只含有一个非线性电阻的电路，可以将非线性电阻以外的一端口网络视为线性部分，可用戴维宁等效电路来代替，非线性电阻单独形成的一端口网络为非线性部分。如果线性部分伏安特性直线与非线性部分伏安特性曲线相交,那么相交点的坐标值就是此电路的参数值。此种图解法称为曲线相交法。

例如,图4-8(a)所示电路由线性电阻 R_0 和直流电源 U_S 及一个非线性电阻 R 组成。线性电阻 R_0 和直流电源 U_S 的串联组合可看成一端口网络的戴维宁等效电路。设非线性电阻的伏安特性如图4-8(b)所示。对电路应用 KVL,可得下列方程

$$U_0 = R_0 i + u$$
$$u = U_0 - R_0 i \tag{4-5}$$

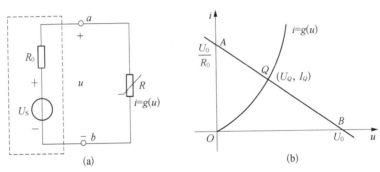

图4-8 曲线相交法

此方程可以看成图4-8(a)中虚线方框的线性部分的伏安特性。它在 $u-i$ 平面上是一条图4-8(b)的直线 AB。设非线性电阻的伏安特性是 $i=g(u)$,直线 AB 与此伏安曲线的交点 $Q(U_Q, I_Q)$ 称为电路的静态工作点。在电子电路中,直流电压源 U_S 往往表示偏置电压,而 R_0 表示负载,故直线 AB 有时称为负载线。

例4-4 图4-9(a)为晶体管电路,其电路模型如图4-9(b)所示,已知 $U_{CC} = 12 \text{ V}$,$R_c = 3 \text{ k}\Omega$。晶体管伏安特性曲线如图4-9(c)所示,它是集电极电流 i_c 与电压 u_{ce} 间的关系,这个关系受基极电流 i_b 的控制。图中给出对应不同的一簇曲线。现在设 $i_b = 40 \text{ μA}$,求晶体管的电流 I_{CQ},电压 U_{CEQ}。

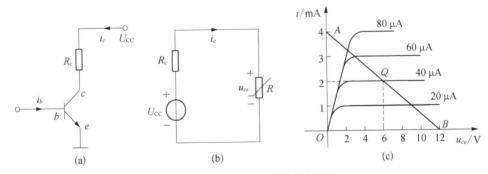

图4-9 例4-4电路及曲线相交法

解: 图4-9(b)中,U_{CC} 和 R_c 串联构成的线性电路伏安特性方程为

$$u_{ce} = U_{CC} - R_c i_c = 12 - 3i$$

其特性如图4-9(c)的直线 AB 所示。

找出与 $i_b = 40\ \mu\text{A}$ 对应的晶体管的伏安特性曲线,它与直线 AB 的交点 Q 就是所求的静态工作点。由图易知

$$I_{CQ} = 2\ \text{mA}, \quad U_{CEQ} = 6\ \text{V}$$

第四节　分段线性法

分段线性法是研究非线性电路的一种有效方法,它的特点在于能把非线性特性曲线近似分解成几个线性区段,每个线性区段又可以应用线性电路的计算方法。

一、常见元件的伏安特性

常见的二端元件有理想二极管、稳压管、电压源、电流源等。它们的伏安特性如图 4-10 所示,其中稳压管的伏安特性与电压源的伏安特性相似。用这些元件串联、并联或混联就可以得到各种单调单向的非线性电阻电路伏安特性曲线,故用分段线性法拟合得到非线性的伏安特性曲线。

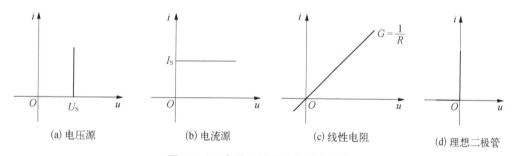

(a) 电压源　　(b) 电流源　　(c) 线性电阻　　(d) 理想二极管

图 4-10　常见二端元件的伏安特性

应用分段线性法时,为了画出一端口网络的驱动点特性曲线,常引用理想二极管模型。它的特点是二极管接正向电压时完全导通,相当于短路,接反向电压时不导通,电流为零,相当于开路,其伏安特性如图 4-11(a) 所示。一个实际的二极管可以看成理想二极管和线性电阻串联的组合,其伏安特性可用图 4-11(b) 中的折线 BOA 近似逼近,当这个二极管加上正向电压时,它相当于一个线性电阻,其伏安特性用直线 OA 表示,当加上反向电压时,二极管不导通,其伏安特性用直线 BO 表示。

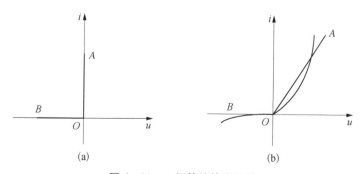

(a)　　　　　　　　(b)

图 4-11　二极管的伏安特性

二、串联分解拟合法

串联分解拟合法在伏安特性图中是在同一电流 i 下,电压相加得到总电压。可将整条非线性电阻电路伏安特性曲线分解成若干条直线段。

例 4 - 5 图 4 - 12(a)所示电路由线性电阻 R、理想二极管和直流电压源串联组成。画出串联电路的伏安特性。

解: 各元件的伏安特性如图 4 - 10 所示,电路方程为

$$u = Ri + u_\mathrm{d} + U_\mathrm{S}, \quad i > 0$$

串联电路的伏安特性可用图解法求得,即图 4 - 12(b)中的折线 ABC。

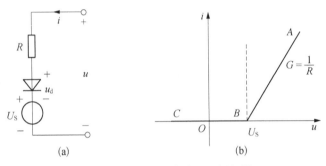

图 4 - 12　例 4 - 5 电路及近似折线

三、并联分解拟合法

并联分解拟合法在伏安特性图中是在同一电压 u 下,电流相加得到总电流。可将整条非线性电阻电路伏安特性曲线分解成若干条直线段。

例 4 - 6 图 4 - 13(a)所示电路由线性电阻 R、理想二极管和直流电流源并联组成。画出并联电路的伏安特性。

解: 此电路的方程为

$$i = \frac{u}{R} + I_0, \quad u > 0$$

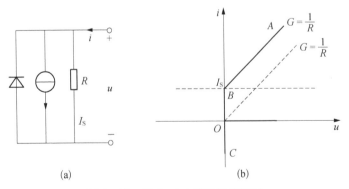

图 4 - 13　例 4 - 6 电路及近似折线

当 $u < 0$ 时,二极管完全导通,电路被短路。当 $u > 0$ 时,用图解法求得的伏安特性如图 4-13(b) 中的折线 ABO 所示。

第五节　小信号分析法

小信号分析法是电子工程中分析非线性电路的一个重要方法。通常在电子电路中遇到的非线性电路,不仅有作为偏置电压的直流电源作用,还有随时间变动的输入电压作用。若满足 $|u_s(t)| \ll U_s$,则把 $u_s(t)$ 称为小信号电压。分析此类电路,就可采用小信号分析法。

在图 4-8(a) 所示电路中,直流电压源 U_s 为偏置电压,电阻 R_0 为线性电阻,非线性电阻是电压控制型的,其伏安特性 $i = g(u)$,图 4-8(b) 为其伏安特性曲线。小信号电压为 $u_s(t)$,且满足 $|u_s(t)| \ll U_s$,现在求非线性电阻电压 $u(t)$ 和电流 $i(t)$。

首先应用 KVL 列出电路方程为

$$U_s + u_s(t) = R_0 i(t) + u(t) \tag{4-6}$$

当 $u_s(t) = 0$ 时,即电路中只有直流电压源作用时,图 4-8(b) 中直线 AB 与曲线的交点 $Q(U_Q, I_Q)$ 即为电路的静态工作点。在 $|u_s(t)| \ll U_s$ 的条件下,电路的解 $u(t)$、$i(t)$ 必在工作点附近,所以可以近似地把 $u(t)$、$i(t)$ 写为

$$u(t) = U_Q + u_1(t)$$

$$i(t) = I_Q + i_1(t)$$

式中,$u_1(t)$、$i_1(t)$ 是由信号 $u_s(t)$ 在工作点附近引起的偏差。在任何时刻 t,$u_1(t)$、$i_1(t)$ 相对于 U_Q,I_Q 都是很小的量。

考虑给定非线性电阻的特性 $i = g(u)$,得

$$I_Q + i_1(t) = g[U_Q + u_1(t)]$$

由于 $u_1(t)$ 很小,可以将上式等号右方在 Q 点附近用泰勒级数展开,若取级数前两项并舍去高次项,则上式可写成

$$I_Q + i_1(t) \approx g(U_Q) + \left.\frac{\mathrm{d}g}{\mathrm{d}u}\right|_{U_Q} u_1(t)$$

由于 $I_Q = g(U_Q)$,$\left.\dfrac{\mathrm{d}g}{\mathrm{d}u}\right|_{U_Q} = G_d = \dfrac{1}{R_d}$,所以从上式得

$$i_1(t) \approx \left.\frac{\mathrm{d}g}{\mathrm{d}u}\right|_{U_Q} u_1(t) = G_d u_1(t)$$

由于 $G_d = \dfrac{1}{R_d}$ 在工作点 $Q(U_Q, I_Q)$ 处是一个常量,所以从上式可以看出,由小信号电

压 $u_s(t)$ 产生的电压 $u_1(t)$ 和电流 $i_1(t)$ 之间的关系是线性的。这样,式(4-6)可以改写成

$$U_S + u_s(t) = R_0[I_Q + i_1(t)] + U_Q + u_1(t)$$

又因为 $U_S = U_Q + I_Q R_0$,故得

$$u_s(t) = R_0 i_1(t) + u_1(t) = R_0 i_1(t) + R_d i_1(t) \tag{4-7}$$

式(4-7)是一个线性代数方程,由此得出非线性电阻在静态工作点 $Q(U_Q, I_Q)$ 处的小信号等效电路如图4-14所示。故易得

$$i_1(t) = \frac{u_s(t)}{R_0 + R_d}$$

$$u_1(t) = R_d i_1(t) = \frac{R_d u_s(t)}{R_0 + R_d}$$

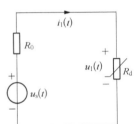

图 4-14 小信号等效电路

综上所述,小信号分析法的步骤为:

(1) 求解非线性电路的静态工作点。

(2) 求解非线性电路的动态电阻。

(3) 画出给定的非线性电阻在静态工作点处的小信号等效电路。

(4) 根据等效电路求解。

例 4-7 图4-15(a)所示电路中的非线性电阻为电压控制型,其电压电流关系为

$$i = g(u) = \begin{cases} u^2, & u \geqslant 0 \\ 0, & u < 0 \end{cases}$$

直流电流源 $I_s = 10\,\text{A}$,$R_0 = \dfrac{1}{3}\,\Omega$,小信号电流源的电流为 $i_s(t) = 0.5\cos(\omega t)\,\text{A}$。试求非线性电阻上的电压 $u(t)$ 和电流 $i(t)$。

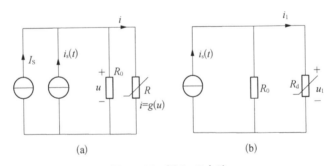

(a) (b)

图 4-15 例 4-7 电路

解: 根据 KCL 得

$$\frac{1}{R_0}u + i = I_S + i_s$$

(1) 求电路的静态工作点

若令 $i_s = 0$, 则

$$\frac{1}{R_0}u + i = I_S$$

当 $u \geqslant 0$ 时, 有

$$3u + u^2 = 10$$

解得

$$U_Q = u = 2 \text{ V}, \ I_Q = U_Q^2 = 4 \text{ A} \Rightarrow Q(2, 4)$$

（2）求动态电阻

$$G_d = \frac{d(u^2)}{du}\bigg|_{u=2} = 2u\,|_{u=2} = 4\text{S} \Rightarrow R_d = \frac{1}{G_d} = 0.25$$

小信号电压产生的电流和电压之间的关系是线性的。

（3）画出小信号等效电路, 如图 4-15(b) 所示,

$$\frac{1}{R_0}u_1 + i_1 = i_s$$

（4）根据小信号等效电路求解, 得

$$i_1(t) = \frac{R_0}{R_0 + R_d}i_s(t) = \frac{2}{7}\cos(\omega t)\,\text{A} = 0.286\cos(\omega t)\,\text{A}$$

$$u_1(t) = \frac{R_0 R_d}{R_0 + R_d}i_s(t) = \frac{1}{14}\cos(\omega t)\,\text{V} = 0.071\,4\cos(\omega t)\,\text{V}$$

$$i(t) = I_Q + i_1(t) = 4 + 0.286\cos(\omega t)\,\text{A}$$

$$u(t) = U_Q + u_1(t) = 2 + 0.071\,4\cos(\omega t)\,\text{V}$$

第六节　应用实例：人体电阻特性

在日常生活中"安全用电"是永恒不变的主题,电对人体确实危险,电流通过人体内部会造成人体器官的损伤,甚至导致死亡。因此,安全用电需要了解人体的电阻特性。

人体是一个导电体。当人不慎接触了带电物体时,就会有电流流过人体,该电流的大小与人体电阻有关。人体电阻是一个变量,它与许多因素有关,其中包括皮肤状况、生理因素和环境状况等。在人体组织内不存在自由电子,其导电机理不同于金属导体,即不是依靠自由电子的有序移动传导电流。那么人体怎样传导电流呢? 下面介绍几种人体电阻模型。

一、人体电阻等值电路

在测试人体电阻之前,首先要介绍常见的人体电阻等值电路模型——佛莱贝尔加等

值电路模型。佛莱贝尔加提出的人体电阻等值电路模型如图 4-16 所示,它表现为皮肤电阻、皮肤电容和人体内部电阻串并联的结构。其中,人体内部电阻恒值为 500 Ω,与外部电压及其他条件无关;皮肤电容与皮肤面积有关,大致为 200 μF/cm²,低频条件下可忽略不计;皮肤电阻一般指手和脚的表面电阻,其值对不同的人或在不同条件下可能相差很大。

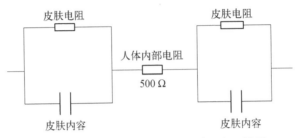

图 4-16   佛莱贝尔加人体电阻等值电阻模型

二、人体电阻分布

若按人体各部分长度及断面积的情况考虑,设手与脚之间的全部电阻 R_{h-s} 为 100%,则两足间电阻 $R_{s-s} = 1.01R_{h-s}$;两手间电阻 $R_{h-h} = 0.994R_{h-s}$;双手到双脚之间的电阻 $R_{dh-s} = 0.5065R_{h-s}$。可见人体电阻随触电电流通路不同,其值会有较大变化,当人体触电时,应考虑三个主要的因素:① 事故电压作用于人体的位置以及电流的通道;② 电源的内阻及接地情况;③ 穿着的衣服、鞋帽。最需要避免双手、双脚构成的导电通路。

三、影响人体电阻的因素

人体电阻并非常数,它主要受以下几个因素影响:

(1) 皮肤电阻的变化。由于皮肤电阻的变化范围大,其值对人体电阻的影响最大。不同的人,皮肤电阻可能相差很大;即便是同一个人,当其皮肤干燥、洁净、无损伤时,皮肤电阻可高达 40~100 kΩ;而当皮肤处于潮湿状态或损伤时,则会降低至 1 000 Ω 左右;如果皮肤完全损坏,那么皮肤电阻变为零。人体电阻与电极接触面积越大,接触压力越大,人体电阻值会越低。

(2) 触电电压。根据佛莱贝尔的实验结果,接触电压越高,人体皮肤表面的角质层被击穿,并增加机体分解,从而人体电阻值会随之下降,如图 4-17 所示。

(3) 环境温度越高,人体电阻会越小。夏天炎热的天气条件下,人体电阻值要较寒冬天气小得多。

(4) 不同频率的激励电源作用于人体,

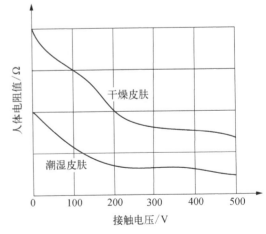

图 4-17   触电电压与人体电阻值的关系

会得到不同的人体电阻值。频率越高,人体电阻越小。同时,在高频情况下人体承受电流的能力较低频(如50 Hz 交流)有所增强。例如,医学上可以利用20 Hz 以上的交流电进行物理治疗。人体电阻及其等值回路在多数场合下,应选择较为恶劣的条件。例如,我国制定有关接地规程时,所取人体电阻范围为1 000～1 500 Ω,但若涉及触电保护类的电器设计,则应选择极端的条件,如取人体电阻为500 Ω。

四、触电防护

1. 绝缘

绝缘防护就是利用绝缘材料把带电导体完全包封起来,从而在正常工作条件下人体不致触及带电导体。

2. 屏护遮拦和障碍装备

遮拦可防止无意或有意触及带电体,障碍只能防止无意触及带电体。屏护还有防止电弧烧伤、防止短路和偏于安全操作的作用。例如,防护式开关电器本身带有胶盖、铁壳等屏护装置,而开启式刀开关或其他设备则需要另加屏护装置。高压设备往往很难做到全部绝缘,如果人接近至一定距离时即会发生电弧放电事故,因此不论高压设备是否有绝缘,均需加装屏护装置。

3. 间接接触电的防护

在正常情况下,直接防护措施能保证人身安全,但是当电气设备绝缘发生故障而损坏时,使不带电的外露金属外壳、护罩等呈现出危险接触电压,当人们触及这些金属部件时,就构成间接触电。间接触电的防护有以下方法:

(1)自动切断电源的保护。如安装漏电保护装置。

(2)降低接触电压。当电气设备发生绝缘损坏而使金属外壳带电时,设法降低金属外壳对地电压,目前主要采用保护接地或保护接零的技术措施。

本 章 小 结

一、知识概要

本章内容包括非线性电阻电路、非线性电阻元件的定义、电路符号、分类、参数及非线性电阻电路常用的分析方法,如图解法、小信号分析法及分段线性法。并举例说明非线性电路方程的建立方法。

二、知识重点

本章的重点内容是非线性电阻电路的图解法、小信号分析法、分段线性法;非线性电阻元件参数和伏安特性关系。

三、思维导图

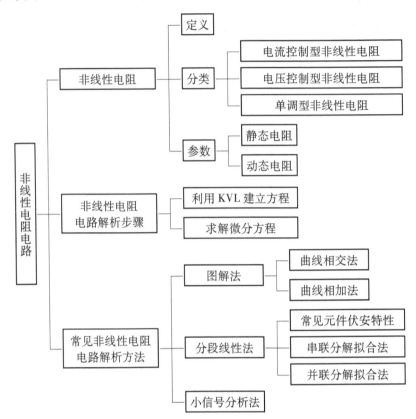

习　题

4-1 非线性电阻伏安特性曲线如题4-1图所示,将其与线性电阻 $R_0 = 400\ \Omega$ 串联,接到电压 $U_s = 50\ \mathrm{V}$ 的电源上,求电路的静态工作点及非线性电阻在该点的静态电阻和动态电阻。

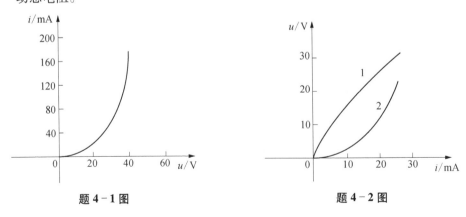

题 4-1 图　　　　　　　　　　　　题 4-2 图

4-2 已知两个非线性电阻元件的伏安特性曲线如题 4-2 图所示,将两个元件串联接到 24 V 电源上,试用曲线相加法求各元件的电压 $u(t)$ 和电流 $i(t)$。

4-3 题 4-3 图(a)所示电路中,非线性电阻 R_d 的伏安特性曲线如题 4-3 图(b)所示。求电压 $u(t)$ 和电流 $i(t)$。

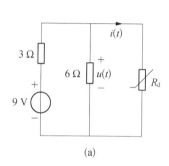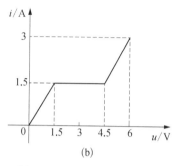

(a) (b)

题 4-3 图

4-4 题 4-4 图所示电路中,$U_S = 84$ V,$R_1 = 2$ kΩ,$R_2 = 10$ kΩ,非线性电阻 R_d 的伏安特性可表示为 $i_d = 0.3u + 0.04u^2$。试求电流 i_1 和 i_d。

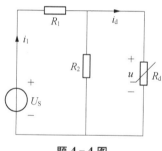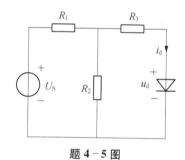

题 4-4 图 题 4-5 图

4-5 题 4-5 图所示电路中二极管的伏安特性可用下式表示:

$$i_d = 10^{-6}(e^{40u_d} - 1) \text{ A}$$

式中,u_d 为二极管的电压,其单位为 V。已知 $R_1 = 0.5$ Ω,$R_2 = 0.5$ Ω,$R_3 = 0.75$ Ω,$U_S = 2$ V。试用图解法求出静态工作点。

4-6 题 4-6 图所示电路中,$R_0 = 2$ Ω,$U_S = 2$ V,非线性电阻的伏安特性为 $u = -2i + \dfrac{1}{3}i^3$,若 $u_s(t) = \cos(\omega t)$ V,试求电流 i。

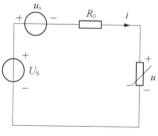

4-7 题 4-7 图(a)所示电路中。直流电压源 $U_S = 3.5$ V,$R_0 = 2$ Ω,非线性电阻的伏安特性曲线如题 4-7 图(b)所示。

(1) 试用图解法求静态工作点;

题 4-6 图

(2) 如将曲线分成 OC、CD 和 DE 三段,试用分段线性化法求静态工作点,并与(1)的结果相比较。

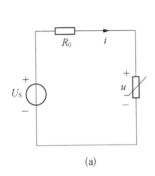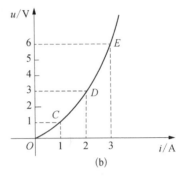

(a) (b)

题 4-7 图

4-8 题 4-8 图所示电路中,非线性电阻的伏安特性为 $i = u^2$,试求电路的静态工作点及该点的动态电阻 R_d。

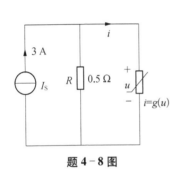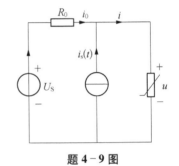

题 4-8 图 题 4-9 图

4-9 非线性电路如题 4-9 图所示,非线性电阻为电压控制型,用函数表示为

$$i = g(u) = \begin{cases} u^2, & u \geq 0 \\ 0, & u < 0 \end{cases}$$

直流电压源 $U_s = 6\,\text{V}$,$R_0 = 1\,\Omega$,小信号电流源的电流为 $i_s(t) = 0.5\cos(\omega t)\,\text{A}$。试求非线性电阻上的电压 $u(t)$ 和电流 $i(t)$。

4-10 在题 4-10 图(a)所示电路中,线性电容通过非线性电阻放电,非线性电阻伏安特性如题 4-10 图(b)所示。已知 $C = 1\,\text{F}$,$u_C(0_-) = 3\,\text{V}$,试求 u_C。

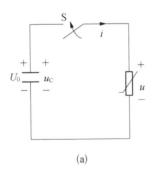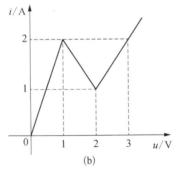

(a) (b)

题 4-10 图

参 考 答 案

4 - 1 34 V，45 mA，756 Ω，272 Ω

4 - 2 21.7 mA，24 V，12 V

4 - 3 $u(t) = 3$ V，$i(t) = 1.5$ A

4 - 4 $i_1(t) = 0.041\,93$ A，$i_d(t) = 0.041\,92$ A

4 - 5 $U_Q = 0.34$ V，$I_Q = 0.66$ A

4 - 6 $i(t) = \left[3 - \dfrac{1}{9}\cos(\omega t)\right]$ A

4 - 7 （1）$U_Q = 1.9$ V，$I_Q = 1.72$ A；（2）$U_Q = 2$ V，$I_Q = 1.5$ A

4 - 8 $R_d = 0.5$ Ω

4 - 9 $u(t) = [2 + 0.1\cos(\omega t)]$ V，$i(t) = [4 + 0.4\cos(\omega t)]$ A

4 - 10 $u_C(t) = (1 + 2\mathrm{e}^{-t})$ V，$0 \leqslant t \leqslant 0.693$ s；

$u_C(t) = (3 - \mathrm{e}^{t - 0.693})$ V，0.693 s $\leqslant t \leqslant 1.386$ s；

$u_C(t) = \mathrm{e}^{-2(t - 1.386)}$ V，$t > 1.386$ s

第五章　正弦交流电路

学习要点

（1）掌握正弦交流电的概念及表示方法；掌握正弦交流电的三要素。

（2）掌握正弦量的周期、频率和角频率；正弦量的幅值、最大值和有效值；正弦量的相位、初相位和相位差等概念的含义、相互关系及计算方法。

（3）掌握正弦量的相量表示方法。

（4）熟悉电阻、电容和电感元件的交流特性及 R、L、C 串联电路的分析和计算方法。

（5）了解正弦交流电的产生过程及其在日常生活中的一般应用。

第一节　正弦电压与电流

在工业生产及日常生活中使用的电能，几乎都是交流电能，即使需要直流电能供电的设备，一般也是由交流电能转换成直流电能。因此，对于交流电的认识、讨论和研究具有重要的实际意义。

分析和计算正弦交流电路，主要是确定不同参数和不同结构的各种交流电路中电压和电流之间的关系。交流电路具有用直流电路概念无法理解和分析的物理现象，因此在学习本章的基本概念、基本理论和基本分析方法时，必须建立交流的概念，为后面学习交流功率的计算、谐振电路、三相交流电路及后续相关电类专业课程打下坚实的理论基础。

一、直流电和交流电

1. 直流电

直流电（direct current，DC）是指方向不随时间改变的电流（或者电压）。日常生活中的直流电大都是稳恒直流电，此外还有脉动直流电。

（1）稳恒直流电：电流（电压）的大小和方向都不随时间变化。其波形如图 5-1(a)所示。

（2）脉动直流电：电流（或者电压）的大小随时间变化但方向不变。其波形如图 5-1(b)所示。

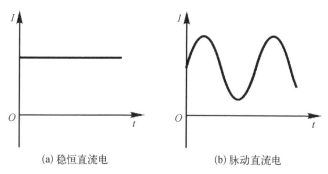

(a) 稳恒直流电　　　　　　(b) 脉动直流电

图 5 - 1　稳恒直流电和脉动直流电

2. 交流电

交流电(alternating current, AC)是指大小和方向都发生周期性变化的电流,因为周期电流在一个周期内的运行平均值为零,所以称为交变电流或简称交流电。交流电的波形通常为正弦曲线,还有其他的波形,如三角波、方形波及其他没有规则形状的波形。周期性交流电如图 5 - 2(a)~(d)所示。

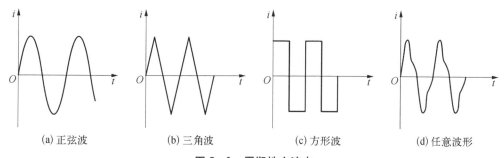

(a) 正弦波　　　　(b) 三角波　　　　(c) 方形波　　　　(d) 任意波形

图 5 - 2　周期性交流电

3. 正弦交流电的产生

正弦交流电是随时间按照正弦函数规律变化的电压和电流。由于交流电的大小和方向都是随时间不断变化的,也就是说,每一瞬间电压和电流的数值都不相同,所以在分析和计算交流电路时,必须标明它的正方向。

在工业和生活中,正弦交流电得到了广泛的应用。本书研究的交流电,没有特别声明都是指正弦交流电。

图 5 - 3 为交流永磁发电机原理图。线圈通过两个电刷和电流计连接组成闭合回

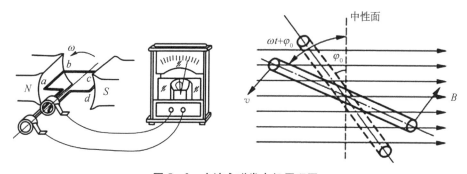

图 5 - 3　交流永磁发电机原理图

路,根据电磁感应定律,由于线圈在磁场中做切割磁力线运动,所以电流计中会有电流产生。如果线圈在磁场中是匀速旋转,那么就会产生大小和方向按照正弦规律变化的正弦交流电。在实际应用中,依靠动力(火力、风力、水力等)发电的基本原理,是有三个绕组(线圈)在磁场中匀速转动从而产生三相交流电。三相电路将在第八章介绍。

4. 正弦交流电的特点和优点

正弦交流电与直流电的区别在于:直流电的大小和方向一旦确定就不再随时间而变化;而正弦交流电的大小和方向随时间周期性变化。

和直流电相比,交流电有以下优点:

(1)交流电较直流电输送方便、使用安全。

(2)交流电机的结构较直流电机简单,成本也比较低,使用维护方便、运行可靠。

(3)可以应用整流、滤波等装置,将交流电变换成需要的直流电。

二、正弦量的三要素

大小和方向随时间按正弦函数规律变化的电流、电压或电动势分别称为正弦交流电流、正弦交流电压或正弦交流电动势,统称为正弦交流电或正弦量。

以正弦电流为例来说明正弦量的三要素。

正弦电流的一般表达式为 $i = I_m \sin(\omega t + \varphi_i)$,波形如图 5-4 所示。$I_m$、$\omega$ 和 φ_i 一经确定,此正弦电流就被完全确定了。其中,I_m 为正弦电流变化的最大值;ω 为角频率;φ_i 为初相位。上述三者为确定正弦量的三要素,分别反映了正弦量振幅的大小、变化的快慢和计时起始时刻的状态。

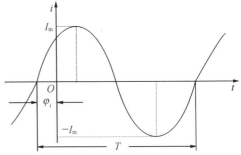

图 5-4　正弦交流电流波形

1. 瞬时值、最大值与有效值

瞬时值是指正弦量在任意瞬时对应的值。其用小写字母表示,如 i、u、e。最大值表示瞬时值中的最大值,又称振幅值、峰值,用带有下标"m"的大写字母表示,如 I_m、U_m、E_m。工程上常采用有效值来衡量交流电能量转换的实际效果,有效值是根据交流电流和直流电流的热效应相等的原则来定义的。

经数学推算可以得出正弦交流电的有效值和最大值之间的关系为

$$I_m = \sqrt{2} I$$
$$U_m = \sqrt{2} U \qquad\qquad (5-1)$$
$$E_m = \sqrt{2} E$$

如无特别说明,本书中所说的交流电流、电压的大小,均指有效值。电气设备铭牌标注的额定值及交流电表测量值均为有效值。市用照明电压 220 V 指的也是有效值,对应的最大值是 311 V。

2. 周期、频率与角频率

正弦量变化一次所需要的时间称为周期,用 T 表示,它的单位是秒(s)。正弦量每秒内变化的次数称为频率,用 f 表示,它的单位是赫兹(Hz)。根据定义,频率与周期互为倒数,即

$$T = \frac{1}{f}$$

或

$$f = \frac{1}{T} \tag{5-2}$$

除了用周期和频率,还常用角频率来反映正弦量变化的快慢。角频率表示正弦量每秒变化的弧度数,用 ω 表示,它的单位是弧度每秒(rad/s)。T、f、ω 三者之间的关系为

$$\omega = \frac{2\pi}{T} = 2\pi f \tag{5-3}$$

在我国电力系统的发电、输电、变电与配电设备及工业与民用电气设备中广泛使用的交流电频率为 50 Hz,周期为 0.02 s,角频率为 314 rad/s 或 100π rad/s,习惯上称为"工频"。

3. 相位和初相位

设 $i = I_{\mathrm{m}}\sin(\omega t + \varphi_i) = \sqrt{2} I\sin(\omega t + \varphi_i)$,选取不同的计时起点,正弦量的起始值($t = 0$ 的值)就不同,到达最大值或某一特定值所需的时间就不同。式中的电角度($\omega t + \varphi_i$)称为正弦量的相位角,简称相位。相位反映了正弦量变化的进程,对于确定的时刻,都有相应的相位与之对应,它反映正弦量的状态。

$t = 0$ 时的相位 φ_i 称为初相位或初相角,简称初相。习惯上初相的取值范围为 $-\pi \sim \pi$,即 $-\pi \leqslant \varphi_i \leqslant \pi$。

在一个正弦交流电路中,电压和电流的频率是相同的,但它们的初相位有可能不同,进行加减运算时,常常要考查它们之间的相位关系。相位差是一个关键参数。两个同频率的正弦量的相位角之差称为相位差,用 φ 表示。

设两个同频率的正弦电压和电流分别为

$$u = U_{\mathrm{m}}\sin(\omega t + \varphi_u) = \sqrt{2} U\sin(\omega t + \varphi_u)$$

$$i = I_{\mathrm{m}}\sin(\omega t + \varphi_i) = \sqrt{2} I\sin(\omega t + \varphi_i)$$

它们的相位差为

$$\varphi = (\omega t + \varphi_u) - (\omega t + \varphi_i) = \varphi_u - \varphi_i \tag{5-4}$$

即同频率的两个正弦量,其相位差等于它们的初相位之差。

根据两个同频率的正弦量的相位差,可以确定它们之间变化进程的关系,如图 5-5 所示。

在图 5-5(a)中,$\varphi = \varphi_u - \varphi_i > 0$,称为 u 比 i 超前 φ 角,或称为 i 比 u 滞后 φ 角;在图 5-5(b)中,$\varphi = \varphi_u - \varphi_i = 0$,称为 u 和 i 同相;在图 5-5(c)中,$\varphi = \varphi_u - \varphi_i = \pm\pi$,称为 u 和 i 反相;在图 5-5(d)中,$\varphi = \varphi_u - \varphi_i = \pi/2$,称为 u 和 i 正交。

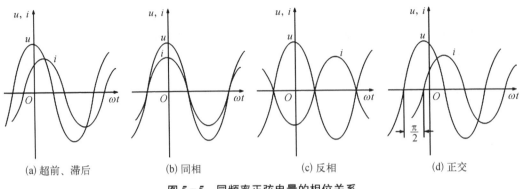

图 5 - 5　同频率正弦电量的相位关系

第二节　正弦量的相量表示

一、复数的基础知识

正弦量的相量表示法的数学基础是复数和复数运算,现在先对复数的相关内容进行必要的复习。

在数学中我们已经学习了复数的基本知识:由实部和虚部的代数和组成复数。复数的一般形式为

$$A = a + jb \tag{5-5}$$

式中,a 是 A 的实部;b 是 A 的虚部;j 是虚数单位,$j = \sqrt{-1}$。

复数是可以用图形来表示的,如图 5 - 6 所示。在直角坐标系中,横轴为实轴,单位是 $+1$;纵轴为虚轴,单位是 $+j$,这样构成的平面称为复平面。每一个复数 $A = a + jb$ 在复平面上都有一点 $A(a, b)$ 与之对应。图 5 - 6 中由 O 指向 A 的矢量也与复数 A 相对应。由此可知,可以用复平面上的矢量来表示复数。

图 5 - 6 中,矢量 OA 的长度 r 称为复数 A 的模,它与实轴正向之间的夹角 φ 称为辐角。则复数的实部 a、虚部 b 和模 r、辐角 φ 的关系为

$$a = r\cos \varphi$$

$$b = r\sin \varphi$$

$$r = \sqrt{a^2 + b^2} \tag{5-6}$$

$$\varphi = \arctan \frac{b}{a}$$

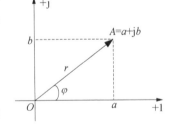

图 5 - 6　复平面复数的表示法

在工程上,复数 A 常写成

$$A = r \angle \varphi \quad (\text{极坐标形式}) \tag{5-7}$$

或

$$A = re^{j\varphi} \quad (\text{指数形式}) \tag{5-8}$$

二、复数的四则运算

复数与复数之间可以实现加法、减法、乘法、除法的运算,设 $A = a_1 + jb_1 = r_1 \angle \varphi_1$,$B = a_2 + jb_2 = r_2 \angle \varphi_2$,则有以下运算。

1. 加、减法

$$A \pm B = (a_1 \pm a_2) + j(b_1 \pm b_2) \quad (5-9)$$

在复平面内用平行四边形法则进行运算,如图 5-7 所示。在复平面内,分别以 A、B 为邻边作平行四边形,平行四边形的对角线为 $A + B$。

2. 乘法

$$A \times B = AB = r_1 r_2 \angle (\varphi_1 + \varphi_2) \quad (5-10)$$

3. 除法

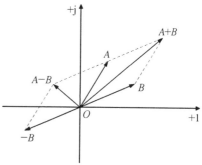

图5-7 复平面复数加减

$$\frac{A}{B} = \frac{r_1}{r_2} \angle (\varphi_1 - \varphi_2) \quad (5-11)$$

三、正弦量的相量表示法

如前所述,表示一个正弦量可以用解析式和波形图。在分析和计算正弦交流电路时,常会遇到对同频率正弦量进行加、减运算,直接采用解析法和波形合成的方法都很麻烦。因此,这里引入正弦交流电的相量表示法。

经过数学分析和证明,正弦量和复数之间存在对应关系,用复数表示正弦量这一方法称为相量法。前面已经学习了一个正弦量有三要素,即最大值(有效值)、角频率和初相位。正弦交流电路中的电压、电流与电源是同频率的正弦量,一般情况下可以把频率这一要素作为默认值暂时不予考虑,在分析、计算问题的过程中只要考虑最大值(有效值)和初相这两个要素即可。而复数正好有两个要素,即模与辐角(指极坐标式)。若用它的模代表正弦量的最大值或有效值,用辐角代表正弦量的初相,那么就可以用一个复数表示正弦量了。为了与一般的复数有所区别,规定正弦量的相量用大写字母上方加"·"来表示。例如,正弦交流电流 $i = I_m \sin(\omega t + \varphi_i)$ 的相量式有两种:最大值相量 $\dot{I}_m = I_m \angle \varphi_i$、有效值相量 $\dot{I} = I \angle \varphi_i$,实际应用中常采用有效值相量。相量可以用复平面上的有向线段来表示,称为正弦量的相量图,如图 5-8 所示。

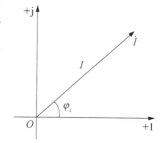

图5-8 交流电流 i 的相量图

应当指出的是,正弦量是时间的函数,而相量仅仅是某个时间函数的其中两个特征用一个复数来表示。相量与正弦量不是相等关系,而是一一对应关系。

例5-1 设两个正弦交流电流 $i_1 = 100\sqrt{2}\sin(\omega t)$A,$i_2 = 50\sin(\omega t + 60°)$A,试用相量式来表示。

解:(1)$i_1 = 100\sqrt{2}\sin(\omega t)$A

最大值 $\qquad I_{1m} = 100\sqrt{2}\ \text{A}$

有效值 $\qquad I_1 = \dfrac{I_{1m}}{\sqrt{2}} = \dfrac{100\sqrt{2}}{\sqrt{2}} = 100(\text{A})$

初相位 $\qquad \varphi_1 = 0°$

则相量式为 $\qquad \dot{I}_1 = 100\angle 0°\ \text{A}$ 或者 $\dot{I}_{1m} = 100\sqrt{2}\angle 0°\ \text{A}$

（2） $i_2 = 50\sin(\omega t + 60°)\ \text{A}$

最大值 $\qquad I_{2m} = 50\ \text{A}$

有效值 $\qquad I_2 = \dfrac{I_{2m}}{\sqrt{2}} = \dfrac{50}{\sqrt{2}} = 25\sqrt{2}(\text{A})$

初相位 $\qquad \varphi_2 = 60°$

则相量式为 $\qquad \dot{I}_2 = 25\sqrt{2}\angle 60°\ \text{A}$ 或者 $\dot{I}_{2m} = 50\angle 60°\ \text{A}$

例 5 - 2 已知 $i_1 = 100\sqrt{2}\sin(\omega t)\ \text{A}$， $i_2 = 100\sqrt{2}\sin(\omega t - 120°)\ \text{A}$，试用相量法求 $i_1 + i_2$，并画相量图。

解： $\dot{I}_1 = 100\angle 0°\ \text{A}$， $\dot{I}_2 = 100\angle -120°\ \text{A}$

$\dot{I}_1 + \dot{I}_2 = (100\angle 0° + 100\angle -120°)\ \text{A}$

$\qquad\qquad = (100 - 50 - j50\sqrt{3})\ \text{A}$

$\qquad\qquad = (50 - j50\sqrt{3})\ \text{A} = 100\angle -60°\ \text{A}$

即 $\qquad i_1 + i_2 = 100\sqrt{2}\sin(\omega t - 60°)\ \text{A}$

相量图如图 5 - 9 所示。

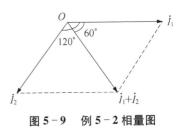

图 5 - 9 例 5 - 2 相量图

四、正弦交流电路中的阻抗

为便于更好进入交流电路的分析和计算，首先对直流电路有关电阻的概念进行复习总结。

1. 直流电路中电阻知识

电路中的物体对电流的阻碍作用称为电阻。除了超导体，世界上所有的物质都有电阻，只是电阻值的大小有差异而已。电阻很小的物质称为电的良导体，如铜、铝和铁等金属；电阻极大的物质称为绝缘体，如木头和塑料等；还有一种导电能力介于两者之间的导体称为半导体；而超导体则是一种电阻值等于零的物质，不过它要求在特定条件下，如足够低的温度和足够弱的磁场下，其电阻率才为零。

2. 交流电路中的电阻、容抗、感抗、电抗及阻抗

无论在直流电路还是交流电路中，电阻对两种电流都有阻碍作用。作为常见的电子元器件，除电阻之外还有电容和电感，电容和电感与电阻不同，在交流电路和直流电路中有着不同的表现和作用。

（1）电容的"容抗"

类似于电阻对电流的阻碍作用，在交流电路中，电容也会对电流起阻碍作用，电容在电路中的作用简单理解为"隔直通交"，就是对直流电流有隔断作用，直流电流不能通过，

而交流电可以通过,电容对交流电的阻碍作用大小取决于电容的容量值和交流电的频率高低,这种阻碍作用也可以理解为"电阻",但是不等同于电阻,习惯上称为"容抗"。

（2）电感的"感抗"

电感在电路中的作用可以简单概括为"通直流阻交流",也就是对直流电流,电感相当于一根弯曲的长导线,阻碍电流的作用很小常常可以忽略不计。但是在交流电路中,由于电感线圈的存在,电路中会产生阻碍电流变化的感生电动势,对交流电流产生一定的阻碍作用。类似电容的容抗,电感对电流的阻碍作用称为"感抗"。

（3）容抗和感抗统称为"电抗"

电容在电路中对交流电所起的阻碍作用"容抗"和电感在电路中对交流电所起的阻碍作用"感抗"均称为"电抗"。电抗用符号 X 表示,用于表示电感或者电容对电流的阻碍作用。符号 X 加下标 C 或者 L,即 X_C、X_L 分别表示电容和电感的电抗。容抗、感抗和电抗的计量单位和电阻一样,都是欧姆。

（4）电阻和电抗合称"阻抗"。

在含有电阻、电感和电容的交流电路中,对电路中的电流所起的阻碍作用统称为阻抗。阻抗用符号 Z 表示,Z 是一个复数,Z 的实部为电阻,虚部为电抗,用数学形式表示为

$$Z = R + \mathrm{j}X \qquad\qquad (5-12)$$

式中,j 是虚数单位。

也就是说,阻抗即电阻与电抗的总和。阻抗的单位同样也是欧姆。

3. 交流电路中阻抗的串联和并联

在正弦交流电路中使用相量表示方法并引入阻抗的概念后,可以使用直流电路的分析、计算方法对正弦交流电路进行分析。以下使用相量法分析交流电路中最简单、最常用的阻抗串、并联电路。

（1）阻抗的串联

图 5-10 是两个阻抗的串联及等效电路。

根据 KVL 可得出它的相量表达式为

$$\dot{U} = \dot{U}_1 + \dot{U}_2 = Z_1\dot{I} + Z_2\dot{I} = (Z_1 + Z_2)\dot{I} \qquad\qquad (5-13)$$

两个串联的阻抗可用一个等效阻抗 Z 来代替,在同样电压的作用下,电路中电流的有效值和相位保持不变。根据图 5-10 可写出

$$Z = \frac{\dot{U}}{\dot{I}} \qquad\qquad (5-14)$$

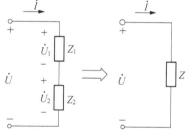

图 5-10　阻抗串联及等效电路

比较式(5-13)和式(5-14),得

$$Z = Z_1 + Z_2 \qquad\qquad (5-15)$$

注意:式(5-15)中的 Z、Z_1、Z_2 均是复数。

在纯电阻电路中,Z_1 和 Z_2 为实数(只有实部,虚部为零),这时可以进行代数运算,运

算结果 Z 也是实数。

电路中如果含有电容元件、电感元件,那么阻抗值就会出现虚数或者复数,此时不适合代数运算法则。复数加法运算适用于平行四边形法则。

需要注意的是,串联电路中,含有电容或者电感元件,串联电路总电压有效值不等于各元件电压有效值之和,即

$$U \neq U_1 + U_2$$

相应总阻抗的模,有 $\qquad |Z| \neq |Z_1| + |Z_2|$

如果有 n 个阻抗串联,那么其等效阻抗(总阻抗)为 $Z = Z_1 + Z_2 + \cdots + Z_n$。

例 5-3 图 5-10 所示两阻抗串联的正弦交流电路中,已知 $\dot{U} = 100 \angle 0°$ V,$Z_1 = 1 + \mathrm{j}\,\Omega$,$Z_2 = 3 - \mathrm{j}4\,\Omega$,求 $\dot{I}$、$\dot{U}_1$、$\dot{U}_2$,并画出相量图。

解: $Z = Z_1 + Z_2 = 1 + \mathrm{j} + 3 - \mathrm{j}4 = 4 - \mathrm{j}3 = 5 \angle -36.9°(\Omega)$

$$\dot{I} = \frac{\dot{U}}{Z} = \frac{100 \angle 0°}{5 \angle -36.9°} = 20 \angle 36.9°(\mathrm{A})$$

$$\dot{U}_1 = \dot{I}Z_1 = 20 \angle 36.9° \times (1 + \mathrm{j}1) = 28.3 \angle 81.9°(\mathrm{V})$$

$$\dot{U}_2 = \dot{I}Z_2 = 20 \angle 36.9° \times (3 - \mathrm{j}4) = 100 \angle -16.2°(\mathrm{V})$$

相量图如图 5-11 所示。

(2) 阻抗的并联

图 5-12 为两个阻抗并联的电路。

根据 KCL 可写出它的相量表示式为

$$\dot{I} = \dot{I}_1 + \dot{I}_2 = \frac{\dot{U}}{Z_1} + \frac{\dot{U}}{Z_2} = \dot{U}\left(\frac{1}{Z_1} + \frac{1}{Z_2}\right) \quad (5-16)$$

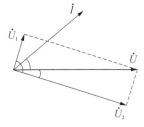

图 5-11 例 5-3 相量图

两个并联的阻抗也可用一个等效阻抗 Z 来代替。根据图 5-12 可写出

$$Z = \frac{\dot{U}}{\dot{I}}$$

比较上列两式,得

$$\frac{1}{Z} = \frac{1}{Z_1} + \frac{1}{Z_2} \quad (5-17)$$

或 $\qquad Z = \frac{Z_1 Z_2}{Z_1 + Z_2} \quad (5-18)$

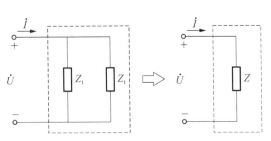

图 5-12 阻抗并联及等效电路

因为一般 $\qquad I \neq I_1 + I_2$

所以 $\qquad \dfrac{1}{|Z|} \neq \dfrac{1}{|Z_1|} + \dfrac{1}{|Z_2|}$

若有 n 个阻抗并联,那么其等效阻抗即总阻抗为 Z,则有

$$\frac{1}{Z} = \frac{1}{Z_1} + \frac{1}{Z_2} + \cdots + \frac{1}{Z_n}\text{。}$$

第三节　电阻元件、电感元件与电容元件

一、电子元器件分类

电子元器件一般分为有源器件和无源器件两大类。通常称有源器件为"器件",称无源器件为"元件"。

1. 有源器件

有源器件是指当工作时,其输出除了需输入信号,还必须有专门的电源。它在电路中的作用主要是能量转换,如晶体管、集成电路等。

2. 无源元件

无源元件是指当工作时,不需要专门的附加电源,如电阻、电容、电感和接插件。

无源元件又分为电抗元件和结构元件,而电抗器件又可分为耗能元件和储能元件。电阻器是典型的耗能元件;电容器、电感器则属于储能元件;而开关、接插件属于结构元件。

本节只是介绍一些常用的电阻、电容和电感元件的主要特点、性能和参数指标,使读者对各种各样的电阻、电容和电感元件有一个概括性的了解。

二、电阻元件

电阻器是电子设备中使用最多的基本元件之一。电阻的基本单位是欧姆(Ω)。在实际应用中,常常使用由欧姆导出的单位:千欧($k\Omega$)、兆欧($M\Omega$)等。

在电子设备中,电阻主要用作负载、分流、限流、分压、降压、取样等。

三、电感元件

电感是用导线在绝缘骨架上单层或多层绕制而成的,又称为电感线圈。它是常用的电子元件之一,电感能够把电能转化为磁能而存储起来。图 5-13 为电感线圈的实物图、示意图及电路符号。

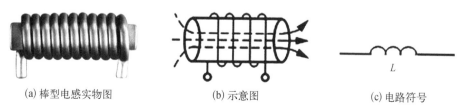

(a) 棒型电感实物图　　　　　(b) 示意图　　　　　(c) 电路符号

图 5-13　电感线圈实物图、示意图及电路符号

1. 电感的定义

电感是当导线内通过交流电流时,在导线的内部及其周围产生交变磁通,导线的磁通量与产生此磁通的电流之比 ($L = \psi/i$)。

当电感中通过直流电流时,其周围只呈现固定的磁力线,不随时间变化;可是当在线圈中通过交流电流时,其周围将呈现出随时间变化的磁力线。根据法拉第电磁感应定律,变化的磁力线在线圈两端会产生感应电势,此感应电势相当于一个"新电源"。当形成闭合回路时,此感应电势就要产生感应电流,由楞次定律可知感应电流所产生的磁力线总要力图阻止原来磁力线的变化。由于原来磁力线变化来源于外加交变电源的变化,所以从客观效果看,电感线圈有阻止交流电路中电流变化的特性。"电感"又称扼流器、电抗器、动态电抗器。

总之,当电感线圈接到交流电源上时,线圈内部的磁力线将随电流的交变而时刻在变化,致使线圈不断产生电磁感应。这种因线圈本身电流的变化而产生的电动势,称为"自感电动势"。

由此可见,电感量只是一个与线圈的圈数、大小形状和介质有关的一个参量,它是电感线圈惯性的量度而与外加电流无关。

2. 电感的结构

电感的结构类似于变压器,但只有一个绕组。电感只阻碍电流的变化,如果电感在没有电流通过的状态下,那么电路接通时它将试图阻碍电流流过;如果电感在有电流通过的状态下,那么电路断开时它将试图维持电流不变。

电感一般由骨架、绕组、屏蔽罩、封装材料、磁芯或铁芯等组成。

3. 电感在电路中的作用

电感器在电路中主要起到滤波、振荡、延迟、陷波等作用,还有筛选信号、过滤噪声、稳定电流及抑制电磁波干扰等功能。

电感器具有阻止交流电通过而让直流电顺利通过的特性,频率越高,线圈阻抗越大。因此,电感器的主要功能是对交流信号进行隔离、滤波或与电容器、电阻器等组成谐振电路。

电感用自感系数 L 表示,通过以下公式表示电感对交流信号的阻碍作用:

$$X_L = \omega L = 2\pi f L \tag{5-19}$$

式中,X_L 为感抗,单位欧姆(Ω);ω、f 分别为交流信号的角频率、频率,单位分别为弧度/秒(rad/s)、赫兹(Hz)。

电感的单位亨利,用 H 表示,常用单位还有毫亨(mH)、微亨(μH)。

电感在电路最常见的作用就是与电容一起,组成 LC 滤波电路。电容具有"阻直流,通交流"的特性,电感有"通直流,阻交流"的功能。如果把伴有许多干扰信号的直流电通过 LC 滤波电路,由于电感的"阻交流"特征,交流干扰信号将被电感变成磁感和热能消耗掉,频率较高的交流成分最容易被电感阻抗,这就是电感可以抑制较高频率的干扰信号的原因。

四、电容元件

1. 电容的构造

两块金属导体,中间隔以绝缘介质所组成的整体,就形成一个电容器。电容的基本性能是：当对电容器施加电压时，它的极板上聚集电荷，极板间建立电场，电场中储存能量。因此，电容器是一种能够储存电场能量的元件。图 5-14 所示为平行板电容器的充电过程。

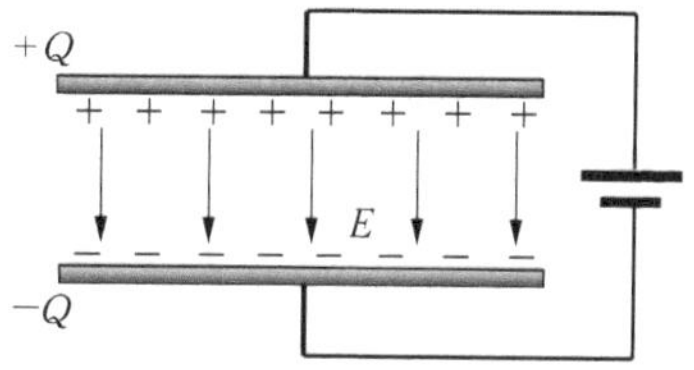

图 5-14　平行板电容器的充电过程

2. 电容器的容量及单位

电容器的容量是反映电容器容纳电荷能力大小的一个物理量。电容器必须在外加电压的作用下才能储存电荷。不同的电容器在电压作用下储存的电荷量也可能不同。实验证明，电容器每一极板上储存的电荷量 q 与加在极板间的电压 u 成正比，即

$$q = Cu \tag{5-20}$$

国际上统一规定，给电容器外加 1 V 直流电压时，它所能储存的电荷量，为该电容器的电容量（即单位电压下的电量），"电容量"用符号 C 表示。电容量的基本单位为法拉，"法拉"用符号 F 表示，$1\ \text{F} = 1Q/V$，即在 1 V 直流电压作用下，如果电容器储存的电荷为 1 C，那么电容量就定义为 1 F。

在实际应用中，电容器的电容量往往比 1 F 小很多，常用较小的单位如毫法（mF）、微法（μF）、纳法（nF）、皮法（pF）等，它们之间的换算关系为

$$1\ \text{F} = 10^3\ \text{mF} = 10^6\ \text{μF} = 10^9\ \text{nF} = 10^{12}\ \text{pF}$$

3. 电容器的作用

电容器是一种能够储存电场能量的元件。在电子技术中，常用电容来实现调谐、滤波、耦合、隔直等作用；在电力系统中，利用它来改善系统的功率因数，以减少电能的损失和提高电气设备的利用率。电容和电感、电阻一样，也是电力和电子技术中必不可少的基本元件。

在直流电路中，电容器相当于断路，这时电容器是一种能够储存电荷的元件。在交流电路中，因为电流的方向是随时间呈一定的函数关系变化的，所以，在电力和电子技术中，电容器用于不同电路，完成特定的功能。

第四节　电阻元件的交流电路

在交流电路中，电阻 R、电感 L 和电容 C 是电路中的三个基本元件，因此，分析由三个单一元件组成的交流电路具有普遍的意义。

在正弦稳态电路中，三种基本电路元件电阻、电感和电容的电压、电流之间的关系都是同频率正弦电压、电流之间的关系，所涉及的有关运算都可以用相量进行，因此，这些关系的时域形式都可以转换为相量形式。

在交流电路中，如果只有线性电阻，那么这种电路称为纯电阻电路。日常生活中接触到的白炽灯、电炉、电熨斗等都属于电阻性负载，在这类电路中影响电流大小的主要是负载电阻 R。

一、纯电阻交流电路中电压与电流的关系

图 5-15(a)给出一个简单的纯电阻交流电路,它由一个理想的正弦交流电压源 u 和一个电阻 R 构成。

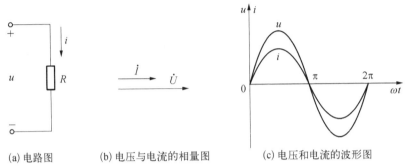

(a) 电路图　　(b) 电压与电流的相量图　　(c) 电压和电流的波形图

图 5-15　纯电阻交流电路

电压与电流参考方向如图 5-15(a)所示,任何时刻通过 R 的电流 i 与 R 两端的电压 u 之间的关系仍然由欧姆定律确定, 即

$$u = Ri$$

设 $i = I_{\mathrm{m}}\sin(\omega t)$, 则有

$$u = Ri = RI_{\mathrm{m}}\sin(\omega t) \tag{5-21}$$

由式(5-21)可得如下结论:

(1) 电阻元件上的电压 u 和电流 i 是同频率的正弦电量。

(2) 电压和电流的相位相同。

(3) 电压和电流的最大值、有效值的关系为

$$U_{\mathrm{m}} = RI_{\mathrm{m}} \tag{5-22}$$

$$U = RI$$

(4) 电压相量和电流相量之间的关系为

$$
\begin{aligned}
&\dot{I} = I\angle 0^{\circ} \\
&\dot{U} = U\angle 0^{\circ} \\
&\frac{\dot{U}}{\dot{I}} = \frac{U\angle 0^{\circ}}{I\angle 0^{\circ}} = \frac{U}{I}\angle 0^{\circ} = R
\end{aligned}
\tag{5-23}
$$

(5) 纯电阻交流电路电压和电流的相量图和波形图如图 5-15(b)、图 5-15(c) 所示。

例 5-4　把一个 $100\ \Omega$ 的电阻元件接到频率为 $50\ \mathrm{Hz}$、电压有效值为 $10\ \mathrm{V}$ 的正弦电源上,问电流是多少? 如果电压保持不变,而电源频率改变为 $5\ \mathrm{kHz}$,那么这时电流是多少?

解: 因为电阻与频率无关,所以当电压的有效值保持不变时,电流的有效值相等,即

$$I = \frac{U}{R} = \frac{10}{100} = 0.1\,(\text{A}) = 100\,(\text{mA})$$

例 5 - 5　把一个 100 Ω 的电阻接到 $u = 311\sin(314t + 30°)\text{V}$ 的电源上,求交流电流 i。

解:因为纯电阻电路的电流与电压同相位,并且瞬时值、最大值、有效值都符合欧姆定律。则有

$$I_{\text{m}} = \frac{U_{\text{m}}}{R} = \frac{311}{100} = 3.11\,(\text{A})$$

所以

$$i = 3.11\sin(\omega t + 30°)\text{A}$$

第五节　电感元件的交流电路

由导线绕制而成的线圈,如日光灯整流器线圈、变压器线圈等,称为电感线圈。一个线圈当它的电阻和分布电容小到可以忽略不计时,可以看成一个纯电感。将它接在交流电源上就构成了纯电感电路,如图 5 - 16(a)所示。

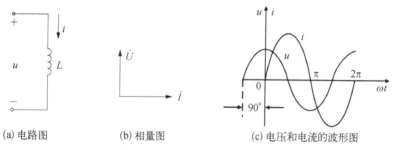

(a) 电路图　　　(b) 相量图　　　(c) 电压和电流的波形图

图 5 - 16　电感元件的交流电路

一、电感元件的电感量

当电流通过线圈时,其周围就建立了磁场,线圈内部产生磁链 ψ,磁链的单位是韦伯(Wb)。当磁链的方向与电流的方向符合右手螺旋法则时,磁链与电流成正比,即

$$\psi = Li$$
$$L = \frac{\psi}{i} \tag{5 - 24}$$

式中,磁链 ψ 与电流 i 的比值 L 称为线圈的电感量,单位为亨利(H)。具有参数 L 的电路元件称为电感元件,简称电感。类似于电阻元件,电感元件也分为线性和非线性、时变和不变之分,本书只讨论线性不变电感。线性电感的韦安关系(ψ-i 曲线)是一条通过原点的直线,这时的电感量 L 是一个常数,也就是线圈电感量与通过线圈的电流大小无关,这

种电感称为线性电感。

二、交流电路中电感元件的电压与电流关系

根据电磁感应定律,当线圈中电流 i 发生变化时,就会在线圈中产生感应电动势,因而在电感两端形成感应电压 u,当感应电压 u 与电流 i 的参考方向(图 5-16(a))一致时,其伏安关系为

$$u = \frac{\mathrm{d}\psi}{\mathrm{d}t} = L\frac{\mathrm{d}i}{\mathrm{d}t} \tag{5-25}$$

即电感电压与电流的变化率成正比。

当通过电感的电流为 $i = I_m\sin(\omega t)$ 时,电感两端的电压为

$$u = L\frac{\mathrm{d}i}{\mathrm{d}t} = L\frac{\mathrm{d}(I_m\sin(\omega t))}{\mathrm{d}t} = \omega L I_m\cos(\omega t)$$

$$= \omega L I_m\sin(\omega t + 90°) = U_m\sin(\omega t + 90°) \tag{5-26}$$

由式(5-26)可得如下结论:

(1)电感元件上的电压 u 和电流 i 是同频率的正弦电量。

(2)电压和电流的相位差 $\varphi = 90°$,即 u 超前 $90°$。

(3)电压和电流的最大值、有效值的关系为

$$U_m = \omega L I_m = X_L I_m$$

$$U = \omega L I = X_L I \tag{5-27}$$

式中,

$$X_L = \omega L = 2\pi f L \tag{5-28}$$

称为电感电抗,简称感抗,单位为欧姆(Ω)。它表明了电感对交流电流的阻碍作用。在一定的电压下,X_L 越大,电流越小。感抗 X_L 与电源频率 f 成正比。L 不变,频率越高,感抗越大,对电流的阻碍作用越大。在极端情况下,若当频率非常高且 $f \to \infty$ 时,则 $X_L \to \infty$,此时电感相当于开路(断路)。若 $f = 0$(直流),则 $X_L = 0$,此时的电感相当于一根导线(短路)。因此,电感元件具有"阻交通直""通低频、阻高频"的性质。在电子技术中广泛应用,如滤波、高频扼流等。

(4)电压相量和电流相量之间的关系为

$$\begin{aligned} &\dot{I} = I\angle 0° \\ &\dot{U} = U\angle 90° \\ &\frac{\dot{U}}{\dot{I}} = \frac{U\angle 90°}{I\angle 0°} = \frac{U}{I}\angle 90° - 0° = X_L\angle 90° = jX_L \end{aligned} \tag{5-29}$$

(5)相量图和波形图如图 5-16(b)、图 5-16(c)所示。

例 5-6 一个电感量 $L = 25.4\ \mathrm{mH}$ 的线圈,接到 $u = 311\sin(314t - 60°)\ \mathrm{V}$ 的电源上,求感抗 X_L 和电流 i。

解：$X_L = \omega L = 314 \times 25.4 \times 10^{-3} \approx 8(\Omega)$

$$\dot{I} = \frac{\dot{U}}{jX_L} = \frac{220\angle-60°}{8\angle90°} = 27.5\angle-150°(A)$$

$$i = 27.5\sqrt{2}\sin(314t - 150°)A$$

例 5-7 把一个 0.1 H 的电感元件接到频率为 50 Hz、电压有效值为 10 V 的正弦电源上,问电流是多少? 如果保持电压值不变,问电源频率改变为 5 kHz,这时的电流是多少?

解：当 $f = 50$ Hz 时

$$X_L = 2\pi fL = 2 \times 3.14 \times 50 \times 0.1 = 31.4(\Omega)$$

$$I = \frac{U}{X_L} = \frac{10}{31.4} = 0.318(A) = 318(mA)$$

当 $f = 5$ kHz 时

$$X_L = 2\pi fL = 2 \times 3.14 \times 5\,000 \times 0.1 = 3\,140(\Omega)$$

$$I = \frac{U}{X_L} = \frac{10}{3\,140} = 0.003\,18(A) = 3.18(mA)$$

可见,在电压有效值一定时,频率越高,通过电感元件的电流有效值越小。

第六节　电容元件的交流电路

一、电容元件的容量

电容的电容量是反映电容器容纳电荷能力大小的一个物理量。实验测定,电容器每一极板上储存的电荷量 q 与加在极板间的电压 u 成正比,即

$$C = \frac{q}{u} \tag{5-30}$$

式中,电荷与电压的比值 C 称为电容器的电容量。具有参数 C 的电路元件称为电容元件,简称电容。当电容量 C 是一个常数,与两端电压无关时,这种电容称为线性电容。

二、交流电路中电容元件的电压与电流关系

在电子技术中,介质损耗很小、绝缘电阻很大的电容器可以近似看成纯电容,将它接在交流电源上就构成了纯电容电路,当电容两端的电压发生变化时,极板上的电荷也相应地变化,这时电容器所在的电路就有电荷做定向运动,形成电流,如图 5-17(a) 所示。

当选定电容上电压与电流的参考方向为关联参考方向时,电容的伏安关系为

$$i = \frac{dq}{dt} = C\frac{du}{dt} \tag{5-31}$$

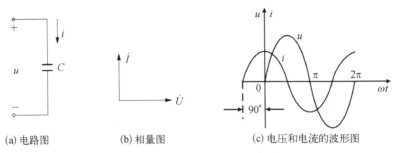

(a) 电路图　　　　(b) 相量图　　　(c) 电压和电流的波形图

图 5-17　电容元件的交流电路

即电容电流与电压的变化率成正比。

当电容两端的电压为 $u = U_m\sin(\omega t)$ 时,通过电容的电流为

$$i = C\frac{\mathrm{d}u}{\mathrm{d}t} = C\frac{\mathrm{d}(U_m\sin(\omega t))}{\mathrm{d}t} = \omega CU_m\cos(\omega t)$$

$$= \omega CU_m\sin(\omega t + 90°) = I_m\sin(\omega t + 90°) \tag{5-32}$$

由式(5-32)可得如下结论:

(1) 电容元件上的电压 u 和电流 i 也是同频率的正弦电量。

(2) 电压和电流的相位差 $\varphi = -90°$,即 u 滞后 $90°$。

(3) 电压和电流的最大值、有效值的关系为

$$I_m = \omega CU_m$$

$$U_m = \frac{1}{\omega C}I_m = X_C I_m \tag{5-33}$$

$$U = \frac{1}{\omega C}I = X_C I$$

式中,

$$X_C = \frac{1}{\omega C} = \frac{1}{2\pi f C} \tag{5-34}$$

称为电容电抗,简称容抗,单位为欧姆(Ω)。它表明电容对交流电流起阻碍作用。容抗 X_C 与电源频率 f 成反比。在 C 不变的条件下,频率越高,容抗越小,对电流的阻碍作用越小。

在极端情况下,若当频率非常高且 $f \to \infty$ 时,则 $X_C = 0$,此时电容相当于短路。若当 $f = 0$,即直流时,则 $X_C \to \infty$,此时电容相当于开路。

因此,电容元件具有"隔直通交""通高频、阻低频"的性质。在电子技术中广泛应用于旁路、隔直、滤波等方面。

(4) 电压相量和电流相量之间的关系为

$$\dot{I} = I\angle 90°$$

$$\dot{U} = U\angle 0°$$

$$\frac{\dot{U}}{\dot{I}} = \frac{U \angle 0°}{I \angle 90°} = \frac{U}{I} \left/ 0° - 90° \right. = X_C \angle -90° = -jX_C \qquad (5-35)$$

（5）波形图和相量图如图5-17（b）、图5-17（c）所示。

例 5-8 把一个25 μF的电容元件接到频率为50 Hz、电压有效值为10 V的正弦电源上，问电流是多少？如果保持电压值不变，电源频率改为5 kHz，这时电流是多少？

解： 当 $f = 50$ Hz 时

$$X_C = \frac{1}{2\pi f C} = \frac{1}{2 \times 3.14 \times 50 \times 25 \times 10^{-6}} = 127.4(\Omega)$$

$$I = \frac{U}{X_C} = \frac{10}{127.4} = 0.078(A) = 78(mA)$$

当 $f = 5$ kHz 时

$$X_C = \frac{1}{2\pi f C} = \frac{1}{2 \times 3.14 \times 5\,000 \times 25 \times 10^{-6}} = 1.274(\Omega)$$

$$I = \frac{U}{X_C} = \frac{10}{1.274} = 7.8(A)$$

可见，在电压有效值一定时，频率越高，通过电容元件的电流有效值越大。

例 5-9 一个电容量 $C = 20$ μF 的电容器，接到 $u = 220\sqrt{2}\sin(314t + 30°)$ V 的电源上，求容抗 X_C 和电流 i。

解：

$$X_C = \frac{1}{\omega C} = \frac{1}{314 \times 20 \times 10^{-6}} \approx 159(\Omega)$$

$$\dot{I} = \frac{\dot{U}}{-jX_C} = \frac{220 \angle 30°}{159 \angle -90°} = 1.38 \angle 120°(A)$$

$$i = 1.38\sqrt{2}\sin(314t + 120°) A$$

第七节　电阻、电感和电容串联的交流电路

第六节讨论的都是一些理想元件构成的电路，但实际上，一个真实的线圈既有电感又有电阻，可以等效为一个纯电阻和纯电感串联的电路；一个实际的电容可以等效为一个纯电阻和纯电容串联的电路。也就是说，在实际应用中，电阻、电感、电容三个元件往往并不单独存在，常常既有电感又有电阻，或既有电容又有电阻，有时甚至三个元件同时存在。

一、RLC 串联交流电路的相量模型

在电阻、电感与电容串联的交流电路中，各元件通过同一电流，电流与各电压的参考方向如图5-18所示。分析这种电路可以应用第六节所得的结论。

令电流为参考正弦量，即

$$i = I_m \sin(\omega t)$$

以下内容是分析各元件的电压和电流之间的关系。

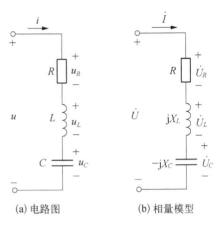

(a) 电路图   (b) 相量模型

图 5-18   *RLC* 串联交流
电路及相量模型

二、*RLC* 串联电路各元件的瞬时值关系

在串联交流电路中，在任一个指定时刻（瞬时），电路中各支路和总电压数值都是确定的，直流电路的基尔霍夫电压定律仍然成立，即电路的总电压等于各串联元件的电压之和。

$$u = u_R + u_L + u_C \qquad (5-36)$$

三、*RLC* 串联电路各元件的相量关系

在交流电路中，交流量在使用相量形式表示之后，相量形式的 KVL 同样成立，如图 5-19(b)所示，即对于具有相同频率的正弦电流电路中的任一回路，沿该回路全部支路电压相量的代数和等于零。

$$\dot{U} = \dot{U}_R + \dot{U}_L + \dot{U}_C \qquad (5-37)$$

在列写相量形式 KVL 方程时，对于参考方向与回路绕行方向相同的电压取"+"号，相反方向的电压取"−"号。

四、*RLC* 串联电路的有效值关系

通过画相量图来分析，如图 5-19 所示。

由相量图可知，电压相量 $\dot{U}$，$\dot{U}_R$，$(\dot{U}_L - \dot{U}_C)$ 组成了一个直角三角形，称为电压三角形。利用这个电压三角形，可得到各部分电压有效值间的关系为

$$U = \sqrt{U_R^2 + (U_L - U_C)^2} \qquad (5-38)$$

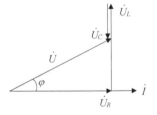

图 5-19   *RLC* 串联电路
相量图

五、*RLC* 串联电路的欧姆定律相量式

用相量表示电压与电流的关系，则为

$$\dot{U} = \dot{U}_R + \dot{U}_L + \dot{U}_C = R\dot{I} + jX_L\dot{I} - jX_C\dot{I} = [R + j(X_L - X_C)]\dot{I}$$

将上式写成

$$\frac{\dot{U}}{\dot{I}} = R + j(X_L - X_C) \qquad (5-39)$$

式(5-39)中的 $R + j(X_L - X_C)$ 为 *RLC* 串联电路的阻抗，用大写字母 Z 表示，单位为

Ω,即

$$Z = \frac{\dot{U}}{\dot{I}} = R + j(X_L - X_C) = |Z| \angle \varphi \qquad (5-40)$$

式中，

$$|Z| = \sqrt{R^2 + (X_L - X_C)^2}$$

$$\varphi = \arctan \frac{X_L - X_C}{R} \qquad (5-41)$$

$$R = |Z| \cos \varphi$$

$$X = X_L - X_C = |Z| \sin \varphi$$

式(5-40)就是欧姆定律的相量式。

可见，阻抗的实部为"电阻"，虚部为"电抗"，它表示电路的电流相量与电压相量之间的关系，既表示了它们之间的大小关系，反映在阻抗的模 $|Z|$ 上，又表示了它们之间的相位关系，反映在夹角 φ 上。注意：阻抗 Z 是一个复数，并不是正弦交流量对应的相量，所以其上面不能加点，Z 在方程式中只是一个运算量。

六、RLC 串联电路中的阻抗三角形

由式(5-40)可以看出 $|Z|$、R、$(X_L - X_C)$ 也组成了一个直角三角形，称为阻抗三角形，如图 5-20 所示。阻抗三角形和电压三角形是相似三角形。

结论为

$$Z = \frac{\dot{U}}{\dot{I}} = \frac{U \angle \varphi_u}{I \angle \varphi_i} = \frac{U}{I} \angle (\varphi_u - \varphi_i) = |Z| \angle \varphi$$

即

$$|Z| = \frac{U}{I} = \sqrt{R^2 + (X_L - X_C)^2} \qquad (5-42)$$

$$\varphi = \varphi_u - \varphi_i$$

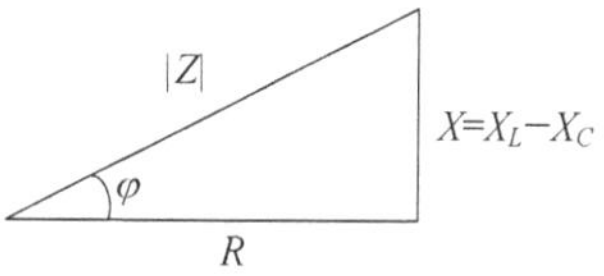

图 5-20　阻抗三角形

七、RLC 串联电路中的 φ 角

由于阻抗三角形和电压三角形是相似三角形，所以 φ 角可用式(5-43)来求解，即

$$\varphi = \varphi_u - \varphi_i = \arctan \frac{X_L - X_C}{R} = \arctan \frac{U_L - U_C}{U_R} \qquad (5-43)$$

φ 角表示电压相量与电流相量的夹角，等于阻抗 Z 的阻抗角。

八、RLC 串联电路性质的讨论

由式(5-42)可知，阻抗角 φ 即为电压与电流之间的相位差。φ 角的正负直接影响电路的性质。

（1）若 $X_L > X_C$，则 $0° < \varphi < 90°$，电压超前电流 φ 角，电路呈电感性。当 $\varphi = 90°$ 时，为纯电感电路。

（2）若 $X_L < X_C$，则 $-90° < \varphi < 0°$，电压滞后电流 φ 角，电路呈电容性。当 $\varphi = -90°$ 时，为纯电容电路。

（3）若 $X_L = X_C$，则 $\varphi = 0°$，电压与电流同相位，电路呈电阻性，此时电路发生串联谐振。谐振现象本书安排在第七章讨论。

例 5-10　电路如图 5-22 所示，已知：$\dot{U} = 200\angle 0°$ V，$i = 5\sqrt{2}\sin(\omega t + 30°)$ A，求：Z、φ 并说明电路的性质。

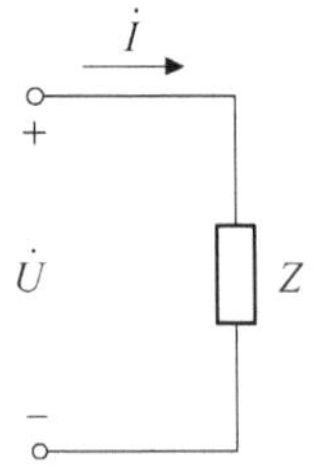

解：
$$Z = \frac{\dot{U}}{\dot{I}} = \frac{200\angle 0°}{5\angle 30°} = 40\angle -30°(\Omega)$$

$$\varphi = -30°$$

图 5-21
例 5-10 电路

所以电路呈电容性。

例 5-11　RLC 串联电路如图 5-18(a) 所示，已知：$u = 220\sqrt{2}\sin(314t)$ V，$R = 40\ \Omega$，$X_L = 60\ \Omega$，$X_C = 30\ \Omega$，求：电流 i 和 φ 角。

解：电压和电流参考方向假设为关联参考方向，如图 5-18(a) 所示，则有

$$Z = R + \mathrm{j}(X_L - X_C) = 40 + \mathrm{j}(60 - 30) = 50\angle 36.87°(\Omega)$$

$$\dot{I} = \frac{\dot{U}}{Z} = \frac{220\angle 0°}{50\angle 36.87°} = 4.4\angle -36.87°(\mathrm{A})$$

$$i = 4.4\sqrt{2}\sin(314t - 36.87°)(\mathrm{A})$$

显然，$\varphi = -36.87°$。

第八节　应用实例：日光灯电路

日光灯又称荧光灯。因为日光灯正常发光时灯管两端只允许通过较低的电流，所以，加在灯管上的电压低于电源电压，但是日光灯开始工作时需要一个较高电压击穿，所以在电路中加入了镇流器。镇流器在启动时产生高压，在日光灯工作时稳定电流。

直管日光灯属于双端日光灯，显色性好，对色彩丰富的物品及环境有比较理想的照明效果，光线衰减少，寿命长，适用于各种色彩绚丽的场合，也适合办公及家庭等要求亮度高的场合使用。下面以直管日光灯为例分析日光灯电路的构成及其工作原理。

一、日光灯电路的组成

日光灯电路由日光灯管、镇流器、启辉器及开关组成，如图 5-22 所示。

1. 日光灯管

日光灯管是一个在真空情况下充有一定数量的氩

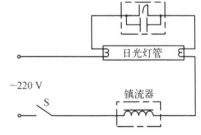

图 5-22　日光灯电路的组成

气和少量水银的玻璃管,管的内壁涂有荧光材料,两个电极用钨丝绕成,上面涂有一层加热后能发射电子的物质。管内氩气既可帮助灯管点燃,又可延长灯管寿命。

2. 镇流器

镇流器又称限流器,是一个带有铁芯的电感线圈,其作用是:① 在灯管启辉瞬间产生一个比电源电压高得多的自感电压帮助灯管启辉;② 灯管发光后限制通过灯管的电流不致过大而烧毁灯丝。

3. 启辉器

它由一个启辉管(氖泡)和一个小容量的电容组成。

启辉器在电路中起到自动开关的作用。管内充有氖气,并装有两个电极,一个是固定电极,另一个是用膨胀系数不同的双金属片制成的倒"U"型可动电极。开关接通瞬间,启辉管内氖气电离产生辉光放电而发热。"U"型电极内层金属片热膨胀系数大,受热后内层金属片膨胀速度更快,"U"型电极伸直,两个电子触头闭合。两个电极片接触后辉管短路,辉光放电停止,管内温度降低,金属片冷却,之后回到原来位置,两金属片分开。

启辉器内的电容,是过滤两个金属电极片"碰触""断开"过程中产生的高频脉冲,防止脉冲产生的电火花发热将触头烧坏,同时防止高频脉冲信号对其他无线设备产生干扰。

二、日光灯的工作原理

当接通电源瞬间,由于启辉器没有工作,所以电源电压都加在启辉器内氖泡的两电极之间,电极瞬间击穿,管内的气体导电,使"U"型的双金属片受热膨胀伸直而与固定电极接通,这时日光灯的灯丝通过电极与电源构成一个闭合回路。灯丝因有电流(称为启动电流或预热电流)通过而发热,从而使灯丝上的氧化物发射电子。

同时,启辉器两端电极接通后电极间电压为零,启辉器停止放电。由于接触电阻小,双金属片冷却,当冷却到一定程度时,双金属片恢复到原来状态,两个金属片分开。在此瞬间,回路中的电流突然断电,于是镇流器两端产生一个比电源电压高得多的感应电压,连同电源电压一起加在灯管两端,使灯管内的惰性气体电离而产生弧光放电。随着管内温度的逐步升高,水银蒸气游离,并猛烈地碰撞惰性气体而放电。当水银蒸气弧光放电时,辐射出紫外线,紫外线激励灯管内壁的荧光粉后发出可见光。

在正常工作时灯管两端电压较低(30 W 灯管的两端电压约 80 V),即启辉器两端电压低于电源电压,不足以使启辉器放电,因此启辉器的触头不再闭合。这时日光灯处于正常工作状态。

镇流器在启动时产生瞬时高压,在正常工作时起降压限流作用。

三、日光灯的一般故障

(1) 灯管出现的故障:灯不亮而且灯管两端发黑,可以用万用表的电阻挡判断灯丝是否断开。

(2) 镇流器故障:一种是镇流器线匝间短路,其电感减小,致使感抗 X_L 减小,使电流过大而烧毁灯丝;另一种是镇流器断路使电路不通灯管不亮。

(3) 启辉器故障:日光灯接通电源后,只见灯管两头发亮,而中间不亮,这是由于启辉器两电极碰粘在一起分不开或是启辉器内电容被击穿（短路）。重新换启辉器方可。

四、小贴士

日光灯管的紫外线不会对人体造成伤害。因为日光灯管中紫外线的能量还不足以穿透玻璃到达灯管的外面,所以日光灯的紫外线是不会对人体造成伤害的。

本 章 小 结

一、知识概要

（1）大小和方向随时间按正弦函数规律变化的电流或电压称为正弦交流电。正弦交流电的参考方向为其正半周的实际方向。

（2）一个正弦量是由频率（或周期）、幅值（或有效值）和初相位三个要素来确定的。

① 正弦量变化一次所需的时间（s）称为周期 T。每秒内变化的次数称为频率 f,单位为 Hz。频率与周期的关系为 $f = \dfrac{1}{T}$。 角频率 ω 指每秒变化的弧度,单位为 rad/s。角频率、频率和周期之间的关系为 $\omega = \dfrac{2\pi}{T} = 2\pi f$。

② 瞬时值是指正弦量在任一时刻的值,幅值（或最大值）是瞬时值中的最大值。有效值是一个周期内,正弦量的有效值等于在相同时间内产生相同热量的直流电量值。幅值与有效值关系为 $U_{\mathrm{m}} = \sqrt{2}\,U$, $I_{\mathrm{m}} = \sqrt{2}\,I$。

③ 正弦量的相位是反映正弦量变化进程的,初相位用来确定正弦量的初始值。相位差是两个同频率正弦量的相位之差,也是初相位之差: $\varphi = \varphi_1 - \varphi_2$。

（3）画波形图时,如果初相位为正角,那么 $t = 0$ 时的正弦量值应在正半周,从 $t = 0$ 点向左,到向负值增加的零值点之间的角度为初相位的大小;如果初相位为负角,那么 $t = 0$ 时的正弦量值应在负半周,从 $t = 0$ 向右,到向正值增加的零值点之间的角度为初相位的大小。

（4）相量只能"表示"正弦量,而不是"等于"正弦量。只有正弦周期量才能用相量表示,否则,不可以用;只有同频率的正弦量才能画在同一向量图上,否则,不可以。不同频率的正弦量画在一起是无法进行比较与计算的。

（5）"j"的数学意义: $j = \sqrt{-1}$ 是虚数单位;"j"的物理意义是旋转 90° 的算符,即任意一个相量乘以 ±j 后,可使其旋转 ±90°。

（6）交流电路中各种形式的电压与电流间的关系式,是在电压、电流的关联参考方向下列出的,在非关联参考方向下,式中要带负号。

（7）RLC 串联电路中, X_L 与 X_C 的大小对于电路的性质有一定影响。

① 若 $X_L > X_C$，则 $U_L > U_C$；此时 $\varphi > 0$，电路中的电流将滞后于电路的端电压，电路为感性电路。

② 若 $X_L < X_C$，则 $U_L < U_C$；此时 $\varphi < 0$，电路中的电流将超前于电路的端电压，电路为容性电路。

③ 若 $X_L = X_C$，则此时 $\varphi = 0$ 电路谐振。RLC 串联谐振将在第七章讨论。

二、知识重点

（1）本章重点内容是正弦量的相量表示。电阻、电容和电感元件的交流特性及 R、L、C 串联电路的分析和计算方法。

（2）本章的数学基础是复数基础知识，熟练的复数运算能力，是学好本章内容的必要条件。

三、思维导图

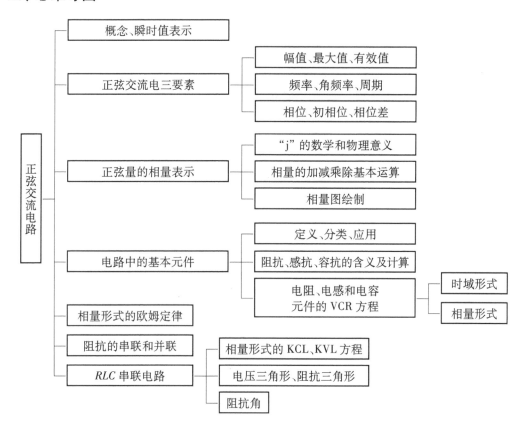

习　题

5-1　填空题

（1）正弦量的三要素是_____、_____和_____。

（2）市用照明电的电压为_____，这里指的是_____值，它的最大值是_____。

（3）我国电力标准频率为_____，习惯上称为工频，其周期为_____，角频率为_____。

（4）交流电路中,测量电压或者电流的仪表读出的数据是_____。

（5）直流电路中,电感的感抗 X_L = _____,相当于_____;电容的容抗 X_C = _____,相当于_____。

（6）交流电路中,感抗 X_L = _____,容抗 X_C = _____;当频率增加时,感抗 X_L_____,容抗 X_C_____。

5-2 判断题

（1）最大值和有效值的关系是: 最大值等于 $\sqrt{2}$ 倍有效值。   （   ）

（2）纯电感元件的正弦交流电路中,电压滞后电流90°。   （   ）

（3）纯电容元件的正弦交流电路中,电压滞后电流90°。   （   ）

（4）交流电路中,电压三角形和阻抗三角形是相似三角形。   （   ）

（5）交流电路中电感是储能元件,电容是耗能元件。   （   ）

（6）若已知两个正弦电流瞬时值表达式分别为 i_1 = 15sin(100πt + 45°)A, i_2 = 10sin(200πt − 30°)A, 则两者相位关系是 i_1 超前75°。   （   ）

（7）任意两个同频率的正弦量,当初相角相差180°时,称为反相。   （   ）

5-3 选择题

（1）下图中哪个是直流电?(   ),哪个是交流电?(   )

(A)   (B)   (C)

(D)   (E)

（2）在 RL 串联交流电路中,下列关系式中正确的有:

① 总电流:(   )。

（A）$i = \dfrac{u}{Z}$　　　　　　　　　　（B）$I = \dfrac{U}{Z}$

（C）$\dot{I} = \dfrac{\dot{U}}{R - X_L}$　　　　　　　（D）$\dot{I} = \dfrac{\dot{U}}{R + jX_L}$

② 电压：（　　）。

（A）$\dot{U} = \dot{U}_R - \dot{U}_L$　　　　　　（B）$\dot{U} = \dot{U}_R + j\dot{U}_L$

（C）$U = U_R + U_L$　　　　　　（D）$U = \sqrt{U_R^2 + U_L^2}$

③ 阻抗角：（　　）。

（A）$\varphi = \arctan \dfrac{X_L}{R}$　　　　　（B）$\varphi = \arctan \dfrac{L}{R}$

（C）$\varphi = \arctan \dfrac{U_R}{U}$　　　　　（D）$\varphi = \arctan \dfrac{U_R}{U_L}$

5-4　简答题

（1）根据已学的知识,说出在工业、交通、生活等方面哪些电气设备使用直流电? 哪些电气设备使用交流电?

（2）已知正弦交流电压 $u = 220\sqrt{2}\sin(314t + 60°)\,\text{V}$,试回答:最大值、有效值、周期、频率、角频率和初相位,画出电压波形图。

（3）已知正弦交流电: $u = 70.7\sin(\omega t + 60°)\,\text{V}$, $i = 14.1\sin(\omega t + 30°)\,\text{A}$,现用交流电压表和交流电流表分别测量它们的电压和电流。问两电表的读数是多少?

（4）某正弦交流电流的最大值、角频率和初相位分别是 14.1 A、314 rad/s 和 -30°,试写出它的三角函数式。

（5）已知: $u = 15\sin(314t + 45°)\,\text{V}$, $i = 10\sin(314t - 30°)\,\text{A}$,求:相位差 φ,并比较哪一个超前、哪一个滞后,画出 u、i 相量图。

5-5　计算题

（1）已知: $i_1 = 11\sqrt{2}\sin(\omega t + 90°)\,\text{A}$, $i_2 = 22\sin(\omega t - 45°)\,\text{A}$,求: $i = i_1 + i_2$。

（2）三个正弦电流 i_1、i_2 和 i_3 的最大值分别为 1 A、2 A、3 A,已知 i_2 的初相为 30°, i_1 较 i_2 超前 60°,较 i_3 滞后 150°,试分别写出三个电流的瞬时值表达式。

（3）一个 100 Ω 的电阻接到频率为 50 Hz、电压有效值为 220 V 的电源上,求电流 $I = ?$　若电压值不变,而 $f = 1\,000$ Hz,再求 $I = ?$

（4）一个电感量 $L = 25.4$ mH 的线圈,接到 $u = 311\sin(314t + 60°)\,\text{V}$ 的电源上,求: X_L, i。

（5）一个电容量 $C = 20\,\mu\text{F}$ 的电容器,接到 $u = 220\sqrt{2}\sin(314t - 30°)\,\text{V}$ 的电源上,求: X_C, i。

（6）如题 5-5(6)图所示,从电压、电流的值判断下列包含的元件是电阻、电感还是电容,并求其参数值。

① $u = 80\sin(\omega t + 40°)\,\text{V}$, $i = 20\sin(\omega t + 40°)\,\text{A}$;

② $u = 100\sin(377t + 10°)\,\text{V}$, $i = 5\sin(377t - 80°)\,\text{A}$;

③ $u = 300\sin(155t + 30°)\,\text{V}$, $i = 1.5\sin(155t + 120°)\,\text{A}$。

(7) 题 5-5(7)图所示交流电路中,已知:$u = 220\sqrt{2}\sin(\omega t - 15°)$V,$\dot{I} = 4.4\angle - 68.13°$ A。求:Z,$|Z|$,φ,$\cos\varphi$。

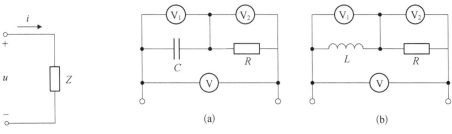

题 5-5(6)图和
题 5-5(7)图

题 5-5(8)图

(a)   (b)

(8) 在题 5-5(8)图所示电路中,电压表 V_1 和 V_2 的读数都是 10 V。试求:两图中电压表 V 的读数。

(9) 在题 5-5(9)图所示电路中,已知:$u = 220\sqrt{2}\sin(314t)$V,$R = 5\ \Omega$,$X_L = 5\ \Omega$,$X_C = 10\ \Omega$,求:$i_1$、$i_2$、$i$、$\cos\varphi$,并画相量图。

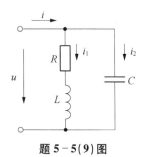

题 5-5(9)图

参 考 答 案

5-1 (1) 幅值(有效值)、频率(周期)、初相位

(2) 220 V,有效值,311 V

(3) 50 Hz, 0.02 s(20 ms) , 314 rad/s

(4) 有效值

(5) 0,短路(导线),∞,断路

(6) $\omega L(2\pi f L)$, $\dfrac{1}{\omega C}\left(\dfrac{1}{2\pi f C}\right)$,增大,减小

5-2 (1) × (2) × (3) √ (4) √ (5) × (6) × (7) √

5-3 (1) ACE, BD (2) D, D, A

5-4 (1) 略

(2) 311 V, 220 V, 0.02 s(20 ms) , 50 Hz, 314 rad/s, 60°

(3) 50 V, 10 A

(4) $i = 14.1\sin(314t - 30°)$A

(5) 75°,电压超前

5-5 (1) $i = 11\sqrt{2}\sin(\omega t)$A

(2) $i_1 = \sin(\omega t + 90°)$A, $i_2 = 2\sin(\omega t + 30°)$A, $i_3 = 3\sin(\omega t - 120°)$A

(3) 0.1 A, 0.1 A

（4）8 Ω，$i = 39\sin(314t - 30°)\,\text{A}$

（5）159 Ω，$i = 1.38\sqrt{2}\sin(314t + 60°)\,\text{A}$

（6）$Z = R = 4\,\Omega$，电阻；$Z = \text{j}20\,\Omega$，电感 $L \approx 53\,\text{mH}$；$Z = -\text{j}200\,\Omega$，电容 $C \approx 32.3\,\mu\text{F}$

（7）$50\angle 53.13°\,\Omega$，50，53.13°，0.6

（8）14.14 V，14.14 V

（9）$i_1 = 44\sin(314t - 45°)\,\text{A}$，$i_1 = 22\sqrt{2}\sin(314t + 90°)\,\text{A}$，

　　$i = 22\sqrt{2}\sin 314t\,\text{A}$，$\cos\varphi = 0$

第六章　交流功率的计算

学习要点

(1) 掌握纯电阻、纯电感和纯电容交流电路中电流和电压的关系及有功功率、无功功率的含义及计算方法;了解瞬时功率的概念。

(2) 掌握正弦交流电路中有功功率、无功功率、视在功率、复功率和功率因数的概念及相互关系,熟悉电压三角形、阻抗三角形和功率三角形的相似性。

(3) 熟悉交流电路中最大功率传输的条件,了解最大功率的计算方法。

(4) 理解提高功率因数的意义,了解提高功率因数的基本方法。

第一节　瞬　时　功　率

电类设备及其负载都要提供或吸收一定的功率。例如,某台变压器提供的容量为 $250\,kV\cdot A$,某台电动机的额定功率为 $2.5\,kW$,一盏白炽灯的功率为 $60\,W$ 等。由于电路中负载性质的不同,它们的功率性质及大小也各不一样,如前面所提到的感性负载就不一定全部都吸收或消耗能量。因此,本章要对电路中的不同功率进行分析。

在交流电路中,瞬时功率是指电路中的元件在瞬时吸收或者发出的功率,其大小等于电路元件上的瞬时电压与瞬时电流之积。瞬时功率用小写字母 p 表示,单位为瓦特(W)。

如图 6-1 所示,若通过负载的电流为 $i = \sqrt{2}\,I\sin(\omega t + \varphi_i)$,负载两端的电压为 $u = \sqrt{2}\,U\sin(\omega t + \varphi_u)$,其参考方向如 6-1 图所示。需要注意的是:图 6-1 中的负载 Z 是个复数,可能是实数(纯电阻),也可能是虚数(电容、电感),也可能是两个或以上的 RLC 元件串、并联组成的等效复数阻抗。

图 6-1 所示的电流和电压为关联参考方向,其瞬时功率表达式为

$$p = ui = \sqrt{2}\,U\sin(\omega t + \varphi_u)\,\sqrt{2}\,I\sin(\omega t + \varphi_i)$$
$$= UI\cos(\omega t + \varphi_u - \omega t - \varphi_i) - UI\cos(\omega t + \varphi_u + \omega t + \varphi_i)$$
$$= UI\cos(\varphi_u - \varphi_i) - UI\cos(2\omega t + \varphi_u + \varphi_i)$$

设 $\varphi = \varphi_u - \varphi_i$,为了简化,设 $\varphi_i = 0$,上式可写成

$$p = UI\cos\varphi - UI\cos(2\omega t + \varphi) \tag{6-1}$$

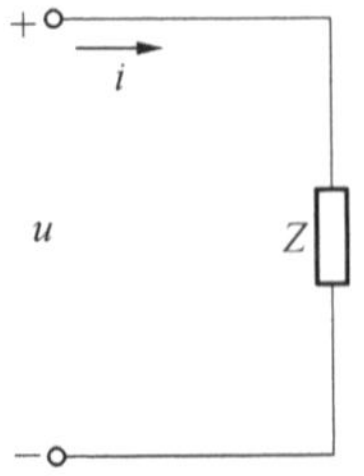

图 6-1　负载通过交流电

可见,正弦交流电路的瞬时功率由恒定分量和正弦分量两部分构成,其中正弦分量的频率是电压、电流频率的两倍,波形如图6-2所示

由图6-2可以看出,当u,i瞬时值同号时$p > 0$,从外电路吸收能量;当u,i瞬时值异号时$p < 0$,向外电路提供能量。二端口网络与外电路之间进行能量交换,这是储能元件造成的。

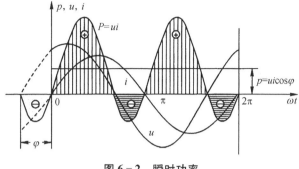

图6-2 瞬时功率

还可以看出,在一个循环内,$p > 0$的部分大于$p < 0$的部分,因此电路是从外电路吸收功率的,原因是二端口网络中存在着耗能的电阻元件。

一、纯电阻交流电路的瞬时功率

纯电阻交流电路如图6-3(a)所示。

根据定义,电阻元件上的瞬时功率为

$$p = ui = U_m\sin(\omega t) \cdot I_m\sin(\omega t)$$
$$= U_m I_m \sin^2(\omega t)$$
$$= \frac{1}{2}U_m I_m(1 - \cos(2\omega t))$$
$$= UI(1 - \cos(2\omega t)) \qquad (6-2)$$

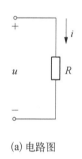

(a) 电路图

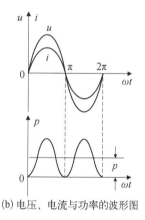

(b) 电压、电流与功率的波形图

图6-3 纯电阻交流电路的瞬时功率

可见,电阻元件的瞬时功率不再是正弦量,它由常数UI和一个随时间变化的正弦量两部分组成,其中正弦量的频率为电源频率的两倍,波形如图6-3(b)所示。$|\cos 2\omega t| \leqslant 1$,因此$p \geqslant 0$,说明电阻上的功率永远大于零,即电阻元件在交流电路中和在直流电路中一样是消耗电能的元件。

二、纯电感交流电路的瞬时功率

将电感接在交流电源上就构成了纯电感电路,如图6-4(a)所示。为便于理解与分析,本节复习一下电感元件在交流电路中的一个重要结论:当通过电感的电流为$i = I_m\sin(\omega t)$时,根据电感元件的伏安关系,可以求出交流电路中电感元件的端电压为

$$u = L\frac{\mathrm{d}i}{\mathrm{d}t} = L\frac{\mathrm{d}(I_m\sin(\omega t))}{\mathrm{d}t} = \omega L I_m\cos(\omega t) = \omega L I_m\sin(\omega t + 90°)$$
$$= U_m\sin(\omega t + 90°)$$

即在正弦交流电路中,流过电感元件的电流和端电压是同频率的正弦量,并且电感元件

的电压相位超前电流相位 $90°$。

根据瞬时功率的定义,进一步导出电感元件的瞬时功率为

$$
\begin{aligned}
p = ui &= U_m \sin(\omega t + 90°) I_m \sin(\omega t) \\
&= U_m I_m \cos(\omega t) \sin(\omega t) \\
&= \frac{1}{2} U_m I_m \sin(2\omega t) \\
&= UI \sin(2\omega t)
\end{aligned} \qquad (6-3)
$$

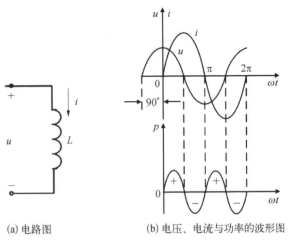

(a) 电路图   (b) 电压、电流与功率的波形图

图 6-4   纯电感交流电路的瞬时功率

可见,电感元件的瞬时功率也是随时间变化的正弦量,其频率为电源频率的两倍,如图 6-4(b)所示。从图 6-4(b)可以看出,电感在第一和第三个 1/4 周期内,瞬时功率 $p > 0$,表示线圈从电源处吸收能量,并将它转换为磁能储存起来;在第二和第四个 1/4 周期内,瞬时功率 $p < 0$,表示线圈向电路释放能量,将磁能转换成电能送回电源。

三、纯电容交流电路的瞬时功率

将电容接在交流电源上就构成了纯电容交流电路,如图 6-5(a)所示。为便于理解与分析,同样本节再复习一下电容元件在交流电路中的一个重要结论:当电容两端的电压为 $u = U_m \sin(\omega t)$ 时,根据电容元件的伏安关系,可以求出通过电容的电流为

$$
\begin{aligned}
i = C\frac{\mathrm{d}u}{\mathrm{d}t} &= C\frac{\mathrm{d}(U_m \sin(\omega t))}{\mathrm{d}t} = \omega C U_m \cos(\omega t) = \omega C U_m \sin(\omega t + 90°) \\
&= I_m \sin(\omega t + 90°)
\end{aligned}
$$

由此得出重要结论:在正弦交流电路中,流过电容元件的电流和端电压同样是同频率的正弦量。需要注意的是,电容元件的电压相位滞后电流相位 $90°$。

根据瞬时功率定义,进一步推出电容元件的瞬时功率为

$$
\begin{aligned}
p = ui &= U_m \sin(\omega t) I_m \sin(\omega t + 90°) \\
&= U_m I_m \sin(\omega t) \cos(\omega t) \\
&= \frac{1}{2} U_m I_m \sin(2\omega t) \\
&= UI \sin(2\omega t)
\end{aligned} \qquad (6-4)
$$

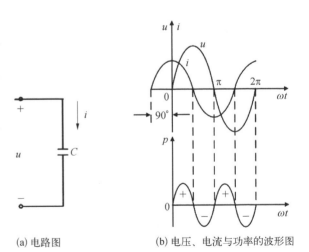

(a) 电路图   (b) 电压、电流与功率的波形图

图 6-5   纯电容交流电路的瞬时功率

可见,电容元件的瞬时功率也是随

时间变化的正弦量,其频率也为电源频率的两倍,如图 6-5(b)所示。从图 6-5(b)可以看出,电容在第一和第三个 1/4 周期内,$p > 0$,电容元件在充电,将电能储存在电场中;在第二和第四个 1/4 周期内,$p < 0$,电容元件在放电,放出充电时所储存的能量,把它还给电源。

第二节 平均功率和无功功率

通过前面对纯电感元件和纯电容元件在正弦交流电路中瞬时功率的讨论,可知,交流电的瞬时功率是一个随时间变化的量。通过一个周期的分析,发现其中的半个周期的电容元件和电感元件在储存电(磁)能,另外的半个周期在释放能量,在一个周期内,电容元件和电感元件储存和释放的能量相等。为了便于分析和计算电感元件与电容元件的耗能情况,这里引入了平均功率(有功功率)和无功功率的概念。

一、平均功率

平均功率又称为有功功率。交流电路的瞬时功率在一个周期内的平均值称为有功功率,它是指在电路中电阻部分所消耗的功率。有功功率是将电能转换为其他形式能量(如机械能、光能、热能)的电功率,用大写字母 P 表示,单位主要有瓦特(W)、千瓦(kW)和兆瓦(MW)。

1. 交流电路中电阻元件的平均功率

根据式(6-2)电阻元件的瞬时功率及平均功率的定义,电阻元件的平均功率为

$$P = \frac{1}{T} \int_0^T p(t)\,dt = \frac{1}{T} \int_0^T UI(1 - \cos(2\omega t))\,dt$$

$$= UI = I^2 R = U^2/R \qquad (6-5)$$

计算公式和直流电路中计算电阻功率的公式相同,单位为瓦特(W)。需要注意,这里的 P 是平均功率,电压和电流都是有效值。

例 6-1 把一个 $100\ \Omega$ 的电阻接到 $u = 311\sin(314t + 30°)$ V 的电源上,求:通过电阻的瞬时电流值 i、电阻元件的平均功率 P。

解: 因为纯电阻电路的电流与电压同相位,并且瞬时值、最大值、有效值都符合欧姆定律。则

$$I_{\mathrm{m}} = \frac{U_{\mathrm{m}}}{R} = \frac{311}{100} = 3.11\ (\mathrm{A})$$

所以 $\qquad\qquad\qquad i = 3.11\sin(\omega t + 30°)\ (\mathrm{A})$

$$P = UI = I^2 R = \left(\frac{I_{\mathrm{m}}}{\sqrt{2}}\right)^2 R = \left(\frac{3.11}{\sqrt{2}}\right)^2 \times 100 = (2.2)^2 \times 100 = 484\ (\mathrm{W})$$

2. 交流电路中电感元件的平均功率

分析电感元件在交流电路中的瞬时功率表明,在一个周期内,电感与电源进行两次能量交换,交换功率的平均值为零,即纯电感电路的平均功率为零。

根据式(6-3)电感元件的瞬时功率及平均功率的定义,电感元件的平均功率为

$$P = \frac{1}{T}\int_0^T p(t)\,\mathrm{d}t = \frac{1}{T}\int_0^T UI\sin(2\omega t)\,\mathrm{d}t = 0 \qquad (6-6)$$

这说明纯电感线圈在电路中不消耗有功功率,它是一种储存电能的元件。

3. 交流电路中电容元件的平均功率

同理,分析电容元件在交流电路中的瞬时功率表明,在一个周期内,电容与电源也进行两次能量交换,交换功率的平均值也为零,即纯电容电路的平均功率也为零。

根据式(6-4)电容元件的瞬时功率及平均功率的定义,电容元件的平均功率为

$$P = \frac{1}{T}\int_0^T p(t)\,\mathrm{d}t = \frac{1}{T}\int_0^T UI\sin(2\omega t)\,\mathrm{d}t = 0 \qquad (6-7)$$

这说明电容元件和电感元件一样,也是储能元件,纯电容在电路中不消耗能量,它只是在电容的电场能和电源的电能之间进行能量交换。

二、无功功率

1. 无功功率的概念及定义

前面讲到了平均功率的概念,但是对于交流电路,电感(电容)与电源之间进行能量的交换,也占用电源设备的容量,但是并没有消耗功率。因此,平均功率并不能反映能量交换的情况,这样就引入"无功功率"的概念。

在纯电感或者纯电容的正弦交流电路中,瞬时功率的最大值定义为无功功率。无功功率用 Q 表示,单位为乏(var)或者千乏(kvar)。

在正弦交流电路中,纯电感、纯电容的无功功率表达式为

$$Q_L = UI = X_L I^2 = \frac{U^2}{X_L}$$
$$\qquad (6-8)$$
$$Q_C = -UI = -X_C I^2 = -\frac{U^2}{X_C}$$

根据式(6-3)、式(6-4)可知,式(6-8)只适于电压和电流相位差等于90°(纯电感)或者 -90°(纯电容),即 $\sin\varphi = 1$ 或者 $\sin\varphi = -1$ 的情况,这时瞬时功率(绝对值)取得最大值。

在日常生活和工业生产中,由于日光灯、电动机和变压器等含有线圈的设备的广泛应用,也就是"感性负载"比较多,无功功率 Q 大多为正数,Q 为负数的"容性负载"相对少见,有些参考书对 Q 的正负不加区分。

另外,由于交流电路中电阻电压和电流的相位差为0,即 $\sin\varphi = 0$,所以按照定义,纯电阻电路的无功功率 $Q_L = 0$。

2. 无功功率的进一步说明

无功功率比较抽象,它是用于电路内电场与磁场的交换,并用来在电气设备中建立和维持磁场的电功率。无功功率对外不做功,而是转变为其他形式的能量。凡是有电磁线

圈的电气设备,要建立磁场,就要引入无功功率。

必须指出,"无功"的含义是"交换"而不是"消耗",它是相对"有功"而言的,绝不能理解为"无用"。相反,它的用处很大。

正常情况下,用电设备不但要从电源取得有功功率,同时还需要从电源取得无功功率。如果电网中的无功功率供不应求,用电设备就没有足够的无功功率来建立正常的电磁场,那么这些用电设备就不能维持在额定情况下的工作,用电设备的端电压就要下降,从而影响用电设备的正常运行。

有功功率是保持用电设备正常运行所需的电功率,也就是将电能转换为其他形式能量(机械能、光能、热能)的电功率。例如,5.5 kW 的电动机就是把 5.5 kW 的电能转换为机械能,带动水泵抽水或者机床运转;各种照明设备将电能转换为光能,供日常生活和工作照明。

电动机需要建立和维持旋转磁场,使转子转动,从而带动机械运动,电动机的转子磁场就是靠从电源取得无功功率建立的。变压器也同样需要无功功率,才能使变压器的一次线圈产生磁场,在二次线圈感应出电压。因此,没有无功功率,电动机就不会转动,变压器也不能变压,交流接触器不会吸合。

通过比喻进一步说明无功功率的含义:修水利需要挖土然后运走,运土时用容器装满,容器中被带走的"土"好比是有功功率、是目标;装满土的容器就可以比作无功功率。容器并非没用,通过容器实现了运输"土"的目标。

再如 40 W 的日光灯,除了需要 40 多瓦有功功率来发光,还需 80 var 左右的无功功率供镇流器线圈建立交变磁场。由于它不对外做功,才称为"无功"。

3. 功率因数

由式(6-8)可知,如果以电流相量作为参考,那么得出电感的无功功率为正值($\varphi_L = \varphi_u - \varphi_i = 90°$),电容的无功功率为负值($\varphi_C = \varphi_u - \varphi_i = -90°$)。在工程上,习惯用 φ 的符号来说明这一不同,目的是说明电感吸收无功功率、电容释放无功功率。

在计算平均功率和无功功率时用到的角 φ($\varphi = \varphi_u - \varphi_i$)称为功率因数角,这个角的余弦函数 $\cos\varphi$ 称为功率因数,φ 角的正弦函数 $\sin\varphi$ 称为无功因数。可见:

当 $\cos\varphi = 1$ 时,为纯电阻的交流电路;

当 $\sin\varphi = \pm 1$ 时,为纯电感或者纯电容的交流电路。

以下讨论对于非纯电阻、非纯电容和非纯电感的电路,如何分析和计算有功功率和无功功率。结合前面瞬时功率、有功功率和无功功率的讨论,以及功率因数角的概念,分别定义有功功率和无功功率的一般表达式:

有功功率定义式为:

$$P = \frac{1}{T}\int_0^T p(t)\,\mathrm{d}t = UI\cos\varphi \tag{6-9}$$

无功功率定义式为

$$Q = UI\sin\varphi \tag{6-10}$$

将在后续第四节进一步讨论。

例 6-2   一个电感量 $L = 25.4$ mH 的线圈,接到 $u = 311\sin(314t - 60°)$ V 的交流电源上,求:X_L, i, Q_L。

解:
$$X_L = \omega L = 314 \times 25.4 \times 10^{-3} \approx 8(\Omega)$$

$$\dot{I} = \frac{\dot{U}}{jX_L} = \frac{220\angle -60°}{8\angle 90°} = 27.5\angle -150°(A)$$

$$i = 27.5\sqrt{2}\sin(314t - 150°)(A)$$

$$Q_L = UI = 220 \times 27.5 = 6\,050(var)$$

例 6-3   一个电容量 $C = 20\mu F$ 的电容器,接到 $u = 220\sqrt{2}\sin(314t + 30°)$ V 的交流电源上,求:X_C, i, Q_C。

解:
$$X_C = \frac{1}{\omega C} = \frac{1}{314 \times 20 \times 10^{-6}} \approx 159(\Omega)$$

$$\dot{I} = \frac{\dot{U}}{-jX_C} = \frac{220\angle 30°}{159\angle -90°} = 1.38\angle 120°(A)$$

$$i = 1.38\sqrt{2}\sin(314t + 120°)(A)$$

$$Q_C = -UI = -220 \times 1.38 = -303.6(var)$$

第三节   均方根及功率计算

在我国,220 V 电压是人们日常生活、企业办公最常用的电压标准;在国外,一些国家除了也采用 220 V 电压,另外一些国家还采用 110～130 V 的电压标准。这些电压值都是均方根值,也称方均根值或有效值。交流电路中电压和电流的(方均根值)有效值分别用大写字母 U 和 I 来表示,单位分别是伏特(V)和安培(A)。

方均根值,顾名思义它的计算方法是"先平方、再平均、最后开方"。

方均根值常用于交流电路的定义中,即在规定时间间隔内一个量的各瞬时值平方的平均值的平方根。对于周期量,时间间隔为一个周期。

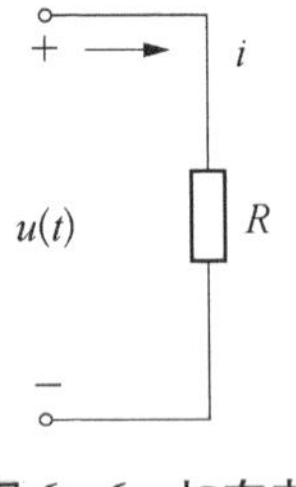

如图 6-6 所示,假设加在电阻两端的交流电压为

$$u(t) = U_m\sin(\omega t + \varphi)$$

图 6-6   加在电阻两端的交流电压

根据方均根值的定义,求一个周期内的电压有效值为

$$U = \sqrt{\frac{1}{T}\int_0^T U_m^2\sin^2(\omega t + \varphi)\,dt} = U_m\sqrt{\frac{1}{T}\int_0^T \frac{1 - \cos 2(\omega t + \varphi)}{2}\,dt} \quad (6-11)$$

上式(6-11)积分可得
$$U = \frac{U_m}{\sqrt{2}} \quad (6-12)$$

式(6-12)表明正弦交流电的电压最大值和有效值之间为 $\sqrt{2}$ 倍的关系。

需要注意,对于非正弦交流电,该公式未必成立。

例如,幅值为 100 V、占空比为 0.5 的方波,其平均值为 50 V,而按方均根值的定义计算其有效值为 70.71 V。

根据平均功率的定义,求电阻上的平均功率得

$$P = \frac{1}{T}\int_0^T \frac{U_m^2 \sin^2(\omega t + \varphi)}{R}\mathrm{d}t = \frac{1}{R}\left(\frac{1}{T}\int_0^T U_m^2 \sin^2(\omega t + \varphi)\mathrm{d}t\right) \qquad (6-13)$$

比较式(6-11)和式(6-13)可知,电阻 R 上的平均功率就是电压方均根值的平方除以 R,即

$$P = \frac{U^2}{R} \qquad (6-14)$$

同理,若流经电阻上的电流为正弦电流 $i(t) = I_m \sin(\omega t + \varphi)$,则 R 的平均功率为

$$P = I^2 R \qquad (6-15)$$

方均根值习惯上称为有效值,它有一个重要特性,即给一个确定的负载电阻 R 供电,在一个周期内,电压有效值为 U 的正弦交流电提供给 R 的能量和电压值为 U 的直流稳恒电源提供给 R 的能量相等。

例 6-4　电压值为 100 V 的直流稳压电源,给一个阻值为 10 Ω 的负载供电,每次供电 10 min 之后停 10 min。20 min 为一个周期,求:

(1) 一个供电周期内,电阻上的平均功率 P。

(2) 若不间断供电,则平均功率 P 对应的直流电源电压 U_1 是多少?

(3) 50 V 的直流电源给负载供电,产生的功率 P_2 是多少?

解:

(1) 每次供电 10 min 之后停 10 min,也就是说占空比为 50%。10 min 的供电产生功率 $P_{\text{总}} = 100^2/10 = 1\,000(\text{W})$,停电时电流和功率为零,则一个周期的平均功率 $P = \frac{1}{2}P_{\text{总}} = 500(\text{W})$

(2) $U_1 = \sqrt{P \cdot R} = \sqrt{500 \times 10} = 70.71(\text{V})$

(3) $P_2 = 50^2/10 = 250(\text{W})$

第四节　复　功　率

一、复功率的定义

第二节讨论了有功功率(平均功率)和无功功率,本节引入复功率的概念。复功率是一个复数,用符号 $\bar{S}$ 表示,定义 $\bar{S}$ 为有功功率和无功功率的复数和,即

$$\bar{S} = P + jQ \qquad\qquad (6-16)$$

式中,大写字母 P、Q 分别表示有功功率和无功功率。

　　复功率与有功功率和无功功率的量纲相同,为了区分,定义复功率的单位为伏·安(V·A)或千伏·安(kV·A)。这样,用"伏·安"表示复功率,"瓦特"表示有功功率,"乏"表示无功功率,总结如表 6-1 所示。

表 6-1　三种功率及单位

功率符号	单　　位
复功率 $\bar{S}$	伏·安(V·A)
有功功率 P	瓦特(W)
无功功率 Q	乏(var)

　　引用前述有功功率和无功功率定义的一般表达式,即

$$P = UI\cos\varphi, \quad Q = UI\sin\varphi$$

　　定义复功率的模为视在功率,用大写字母 S 表示,单位也是伏·安(V·A),需要注意的是,复功率是复数,视在功率是实数。显然,有

$$S = |\bar{S}| = \sqrt{P^2 + Q^2} = UI \qquad\qquad (6-17)$$

　　引入复功率和视在功率还有一个优点,就是可以用一个"功率三角形"来表示有功功率、无功功率和视在功率之间的关系,如图 6-7 所示。

　　可以推导出功率三角形的角 φ 就是功率因数角($\varphi_u - \varphi_i$),由图 6-7 求出功率因数 $\cos\varphi$ 为

$$\cos\varphi = \frac{P}{Q} \qquad (6-18)$$

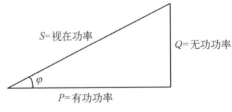

图 6-7　功率三角形

　　根据几何关系,图 6-7 中功率三角形的三个边和一个角共四个量,只要知道了其中任意两个量就可以求出另外两个量。

二、正弦交流电路中各功率的讨论

　　为什么要用上述这么多功率表达正弦交流电路的功率呢?

　　在直流电路中,当电路处于稳态时,即使电路中含有储能元件电容和电感,由于直流电路中的理想电感阻值为零,对应电感电压 $U_L = 0$,电容在直流电路中相当于断路,即 $I_C = 0$,所以电路中消耗的总功率只是等于电阻上消耗的功率。但是交流电路中既有电阻性元件消耗能量又有储能元件与交流电源时刻不停地进行能量交换,导致电源提供的功率被耗能和储能两种元件利用,单一功率不能表达出各功率之间的关系,所以使用视在功率、有功功率、无功功率及功率因数来全面分析和描述交流电路的功率。

从定义和各个计算公式综合分析可以得出：

视在功率只表示电路可能提供的最大功率或电路可能消耗的最大有功功率。显然，只有当交流电路完全呈现纯电阻性质时，视在功率才等于有功功率。否则，视在功率总是大于有功功率，即视在功率不是单相交流电路实际所消耗的功率。因此，它的单位不用瓦特(W)而用伏·安(V·A)以示区别。

有功功率是表示电路中耗能元件把电能转化为其他形式能的能力。耗能元件只从电源处吸取电能、消耗电能，与电源之间不存在能量交换。如果耗能元件是多个，那么此单相交流电路总的有功功率必等于各元件上有功功率(P)之和。因此，它的单位用瓦特(W)。

无功功率表示的是储能元件与电源之间能量相互交换，并没有消耗电能。一方面"无功"并不是"无用"的电功率，只不过它的功率并不转化为机械能、热能。许多用电设备均是根据电磁感应原理工作的，如配电变压器、电动机等，它们都是依靠建立交变磁场才能进行能量的转换和传递。无功功率的单位用乏(var)以示与上述两种功率的区别。

单相交流电路的视在功率、有功功率、无功功率和功率因数比较难以理解和掌握，我们要能抓住定义、洞悉实质、再通过典型例题求解练习巩固，从这三个方面下功夫，一定能彻底理解和掌握。

例 6-5 如图 6-8 所示为某交流用电系统的电路连接及用电情况示意图，三个用电设备的有功功率和无功功率如图 6-8 标识，求电路总的有功功率 P 及功率因数 $\cos\varphi$。

解：

本题考查三种功率的实质和计算方法，分析可得

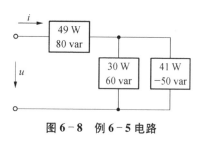

图 6-8 例 6-5 电路

$$P = 49 + 30 + 41 = 120(\text{W})$$

$$Q = 80 + (60 - 50) = 90(\text{var})$$

$$S = \sqrt{P^2 + Q^2} = 150(\text{V} \cdot \text{A})$$

$$\cos\varphi = P/S = 120/150 = 0.8$$

第五节　功　率　计　算

一、RLC 串联交流电路的功率计算

作为一个例子，以下讨论 RLC 串联电路中各功率及其之间的相互关系。图 6-9 所示为电阻、电感与电容串联的交流电路图及其对应的相量图。

根据基尔霍夫电流定律，串联电路中流过每个元件的电流相等，为便于讨论，假设输入电流为已知量。即

$$i = I_{\text{m}}\sin(\omega t + \varphi_i)$$

1. RLC 串联交流电路的瞬时功率

根据 RLC 的 VCR 方程,串联电路总电压等于各元件电压之和,即

$$u = u_R + u_L + u_c = R \cdot i + L\frac{\mathrm{d}i}{\mathrm{d}t} + \frac{1}{C}\int i\mathrm{d}t \tag{6-19}$$

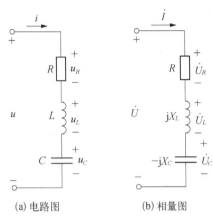

(a) 电路图　　(b) 相量图

图 6-9　电阻、电感与电容串联的交流电路

根据瞬时功率的定义,交流电路中任意时刻总的瞬时功率等于各元件同一时刻的瞬时功率之和,即

$$p = ui = (u_R + u_L + u_c)i = p_R + p_L + p_C \tag{6-20}$$

相关公式代入式(6-19)可求得瞬时功率 p 的表达式。

2. RLC 串联交流电路的有功功率

写出各参数对应的有效值相量,如图 6-9(b)所示,根据有功功率的定义,在 RLC 串联电路中,只有电阻消耗功率。因此,电路总的有功功率为

$$P = P_R = U_R I = I^2 R = UI\cos\varphi \tag{6-21}$$

式中, $\cos\varphi$ 为串联电路的功率因数。

3. RLC 串联交流电路的无功功率

电感元件和电容元件均为储能元件,与电源进行能量交换,其交换的无功功率为

$$Q = Q_L + Q_C = (U_L - U_C)I = UI\sin\varphi \tag{6-22}$$

在 RLC 串联电路中,因为电流 I 相同, U_L 与 U_C 反相,所以当电感储存能量时,电容必定在释放能量;反之亦然。这说明电感与电容的无功功率具有互相补偿的作用,而电源只与电路交换补偿后的差额部分。

式(6-21)和式(6-22)是计算 RLC 串联的正弦交流电路中有功功率(平均功率)和无功功率的一般公式。

4. RLC 串联交流电路的视在功率

视在功率表示电源提供总功率(包括 P 和 Q)的能力,即电源的容量。RLC 串联电路的视在功率仍然满足式(6-17),即

$$S = UI = \sqrt{P^2 + Q^2} \tag{6-23}$$

功率、电压和阻抗三角形都是相似的,为了帮助分析和记忆,可以把它们同时画在一张图中,如图 6-10 所示。

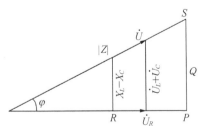

图 6-10　功率、电压、阻抗三角形

二、提高功率因数的意义及方法

功率因数 $\cos\varphi$ 是用电设备的一个重要技术指标。在整个电力供电系统中,感性负载占的比重相当大,如广泛使用的日光灯、电动机、电焊机、电磁铁、接触器等都是感性负载,它们的功率因数较低,有的低至 0.35(如电焊变压器)。

1. 提高功率因数可以提高电源设备的利用率

提高功率因数,可以使同等容量的供电设备向用户提供更多的有功功率,提高供电能力。功率因数 $\cos\varphi$ 越大,有功功率 $P = UI\cos\varphi$ 越大,无功功率 $Q = UI\sin\varphi$ 就越小。

2. 提高功率因数可以降低线路损耗

提高供电质量,节约用铜。当负载的有功功率 P 和电压 U 一定时,$\cos\varphi$ 越大,输电线上的电流越小,从而可以使负载电压与电源电压更接近。线路上能耗减少,也可以减小导线的截面,节约铜材。

3. 提高功率因数的方法

可以从两个方面来着手:一方面是改进用电设备的功率因数,但这主要涉及更换或改进设备;另一方面是在感性负载的两端并联适当大小的电容器。

并联电容器前后,电路所消耗的有功功率不变。因为电容不消耗有功功率,仅仅是用电容性无功功率去补偿电感性无功功率,同时也未改变感性负载本身的功率因数和工作状态,所以感性负载的端电压不变,而是提高了整个电路的功率因数。功率因数提高的原理如图 6-11 所示。

设原负载为感性负载,其功率因数为 $\cos\varphi_1$,电流为 $\dot{I}_1$,在其两端并联电容器 C,并联电容以后,电路电流变为 $\dot{I}$,$\dot{I} = \dot{I}_1 +$

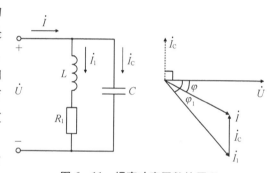

图 6-11 提高功率因数的原理

$\dot{I}_C$,由于电容的电流相位超前电压相位 90°,$\dot{I}_1$ 和与 $\dot{I}_C$ 的相量运算(和) $\dot{I}$,其对应的功率因数为 $\cos\varphi$,如图 6-11 所示。从相量图可知由于电容电流补偿了负载中的无功电流,使总电流减小,φ 角小于 φ_1 角,电路总的功率因数提高了。

例 6-6 RLC 串联电路中,如图 6-9(a)所示,已知交流电源的电压瞬时值 $u = 220\sqrt{2}\sin314t$ V,电阻、电感和电容元件对应的阻值、感抗和容抗分别为 $R = 40\ \Omega$、$X_L = 60\ \Omega$、$X_C = 30\ \Omega$,求电路的瞬时电流 i、有功功率 P、无功功率 Q 和视在功率 S。

解:

$$Z = 40 + j(60 - 30) = 50\angle36.87°(\Omega)$$

$$\dot{I} = \frac{\dot{U}}{Z} = \frac{220\angle0°}{50\angle36.87°} = 4.4\angle-36.87°(\text{A})$$

$$i = 4.4\sqrt{2}\sin(314t - 36.87°)(\text{A})$$

$$P = UI\cos\varphi = 220 \times 4.4 \times 0.8 = 774.4(\text{W})$$

$$Q = UI\sin\varphi = 580.8(\text{var})$$

$$S = UI = 968(\text{V} \cdot \text{A})$$

例 6-7　一台视在功率 $S = 200\,\text{kV} \cdot \text{A}$ 的变压器,带功率因数 $\cos\varphi_1 = 0.75$ 的感性负载满载运行。如果负载并联补偿电容,功率因数提高到 $\cos\varphi_2 = 0.9$,求此时变压器还能带动的电阻性负载 P。

解:

本题考查了提高功率因数的意义,首先求两次功率因数对应的有功功率为

$$P_1 = S\cos\varphi_1 = 200 \times 0.75 = 150(\text{kW})$$
$$P_2 = S\cos\varphi_2 = 200 \times 0.9 = 180(\text{kW})$$

此时变压器还能带动的电阻性负载(即有功功率)P 为

$$P = P_2 - P_1 = 180 - 150 = 30(\text{kW})$$

第六节　最大功率传输

第三章介绍并分析了直流电路中的最大功率传输的条件,直流电路中只需要考虑输入阻抗(电源内阻)和输出阻抗(负载)相等就可以在负载上得到传输的最大功率。在交流电路中,由于电容元件和电感元件的存在,所以需要重新考虑最大功率传输问题。

根据戴维宁定理,任意一个含有独立电源的二端网络都可以等效为一个电压源和一个电阻串联的单口网络。在含有线性元件(电阻、电感和电容)和独立交流电源的电路中,戴维宁定理同样适用。图 6-12 所示为交流电路中含源网络的戴维宁等效电路。把线性含独立电源的网络等效为一个交流电压源 $\dot{U}_\text{S}$ 和一个阻抗 Z_i 串联的单口网络,把负载等效为阻抗 Z。注意,$\dot{U}_\text{S}$ 为相量形式表示,Z_i、Z 为复阻抗。下面讨论交流电路中的最大功率传输问题。

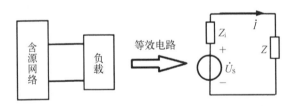

图 6-12　交流电路中含源网络的戴维宁等效电路

首先将 Z_i 和 Z 表示成复数形式为

$$Z_\text{i} = R_\text{i} + jX_\text{i} \tag{6-24}$$

$$Z = R + jX \tag{6-25}$$

注意式(6-25)中的"Z"表示负载,X 值为正数代表电感;Z 为感性负载;如果 X 值为负值代表电容,那么 Z 为容性负载。

$$I = \frac{\dot{U}_s}{Z_i + Z} \tag{6-26}$$

因为要计算有功功率(平均功率),所以式(6-26)中的相量 $\dot{U}_s$、$\dot{I}$ 均用有效值表示,并且以 $\dot{U}_s$ 为参考相量,由此推导出负载电流的有效值为

$$I = \frac{U_s}{\sqrt{(R_i + R)^2 + (X_i + X)^2}} \tag{6-27}$$

负载上的有功功率为

$$P = RI^2 = \frac{RU_s^2}{(R_i + R)^2 + (X_i + X)^2} \tag{6-28}$$

式中,U_s、R_i 和 X_i(戴维宁等效电源和等效阻抗)为固定值;而 R 和 X(负载)是独立变量。根据数学中求极值的方法可知,如果求 P 的最大值,那么必须分别求出有效功率 P 对 R 和 X 的偏导数,令偏导数为零时对应的 R 和 X 为极值点。即

$$\frac{\partial P}{\partial X} = \frac{\partial}{\partial X}\left[\frac{RU_s^2}{(R_i + R)^2 + (X_i + X)^2}\right] = \frac{-2RU_s^2(X_i + X)}{[(R_i + R)^2 + (X_i + X)^2]^2} \tag{6-29}$$

$$\frac{\partial P}{\partial R} = \frac{U_s^2[(R_i + R)^2 + (X_i + X)^2 - 2R(R_i + R)]}{[(R_i + R)^2 + (X_i + X)^2]^2} \tag{6-30}$$

由式(6-29)可知,当 $X_i + X = 0$ 时,$\partial P/\partial X = 0$,即满足条件:

$$X = -X_i \tag{6-31}$$

式(6-30)整理化简,求出满足 $\partial P/\partial R = 0$ 的条件是

$$R = \sqrt{R_i^2 + (X_i + X)^2} \tag{6-32}$$

综合式(6-31)和式(6-32)发现,当 Z_i 和 Z 实部相等($R = R_i$),虚部符号相反($X_i + X = 0$),即当 Z_i 和 Z 互为共轭复数时,即

$$Z = Z_i^* \tag{6-33}$$

当满足式(6-33),P 取得最大功率,即

$$P_{max} = \frac{U_s^2}{4R_i} \tag{6-34}$$

上述获得最大功率的条件称为最佳匹配,又称共轭匹配。

例 6-8 图 6-13 所示交流电路中,各元件参数如图所示,计算负载 Z 获取最大功率的条件,并求出负载上获得的最大功率 P_{max}。

解:根据戴维宁定理,计算除了负载阻抗 Z_L 的戴维宁等效电路如图 6-12 所示。

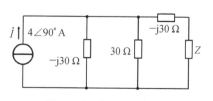

图 6-13 例 6-8 电路

等效内阻：$Z_i = -j30 + \dfrac{-j30 \times 30}{-j30 + 30} = (15 - j45)(\Omega)$

负载开路后的开路电压：$\dot{U}_S = j4 \cdot \dfrac{-j30 \times 30}{30 - j30} = 60\sqrt{2} \angle 45°(V)$

根据最大功率匹配的条件：$Z = Z_i^* = (15 + j45)(\Omega)$

负载获得的最大功率：$P_{max} = \dfrac{U_S^2}{4R_i} = \dfrac{(60\sqrt{2})^2}{4 \times 15} = 120(W)$

第七节　应用实例：医用神灯

一、概述

医用神灯是一种电磁波治疗仪，是我国搪瓷工业专家苟文彬（1934~1986）主持并参与研制的"特定电磁波辐射生物技术器械"。目前这个仪器在医院各个科室得到广泛使用，且有着特殊的治疗效果，因此百姓习惯称它为"医用神灯""神灯治疗仪"。市场上某款神灯治疗仪的形状如图6-14所示。

图6-14　神灯治疗仪实物图

二、工作原理

神灯治疗仪在医学上又称为 TDP（型）治疗器，TDP 神灯的核心部件是 TDP 辐射板，该板是根据人体必需的几十种元素，通过科学配方涂制而成，在温度的作用下，能产生带有各种元素特征信息的振荡信号，因此命名为"特定电磁波谱"，而它的汉语拼音缩写就是"TDP"。

TDP 神灯的治病机理主要表现在：

（1）常规的热辐射作用，增强微循环，促进新陈代谢。

（2）光量子的能量被与人体细胞中的吸收光谱相吻合的生物体匹配吸收、传递、转化和利用后产生生物效应，调整体内微量元素状态、离子浓度、细胞水平和促进生物的信息代谢，产生对人体病变的修复能力，提高自身的免疫能力。

三、适用范围及禁忌

（1）神灯治疗仪适用于软组织损伤、骨骼病变、神经系统及血液循环系统障碍性疾病及健美和保健养生等，具有消炎镇痛、活血化瘀、舒筋活络、增强脑啡肽的分泌、持久镇痛、促进血液循环的功能。

（2）使用神灯治疗仪之前，要注意一些禁忌。例如，高烧、开放性肺结核、严重动脉硬化、出血症等症不适于 TDP 治疗，以及其他已导致体温升高的病症或提升体温会导致病情加重的病症。

四、注意事项

（1）TDP 神灯属于国家二类医疗器械,属于治疗类(用于治病的)器械,不是单一的保健器械。

（2）TDP 辐射板直接关系着产品对疾病的治疗效果和对人体有无副作用,除此之外的其他任何配件都是辅助器械,与产品的治疗效果都没有直接关系(但安全性能和质量及售后服务也是该产品的一个重要组成部分)。

（3）TDP 临床早已证实,TDP 辐射板即使含有相同的物质,但由于配方各物质含量的不同,治疗效果的差别也是很大的(中草药的配方亦如此,合理则治病,不合理则害人)。

本 章 小 结

一、知识概要

（1）瞬时功率是瞬时电压和瞬时电流的乘积。在关联参考方向下, $p = ui$。

（2）平均功率是瞬时功率在一个周期上的平均值,表明了电能和其他形式能量相互转化的功率,因此又称有功功率。在关联参考方向下, $P = UI\cos\varphi$。

（3）无功功率是电场(磁场)与电源之间相互传递的电能,无功功率不会转变为其他形式的能量。在关联参考方向下, $Q = UI\sin\varphi$。

（4）有功功率和无功功率都可以用电流和电压的有效值 U、I（有时用最大值 U_m、I_m）及功率因数角 φ（$\dot{U}$、$\dot{I}$ 相量的夹角）来表示。有效值、方均根值和均方根值表示同一个物理量,只是称呼不同。

（5）$\cos\varphi$、$\sin\varphi$ 分别称为功率因数和无功因数。

（6）复功率是有功功率和无功功率的复数和,即 $\bar{S} = P + jQ$。

（7）视在功率是复功率的模,即 $S = |\bar{S}| = \sqrt{P^2 + Q^2} = UI$。

（8）最大功率传输中的"功率"是指有功功率(平均功率)。当负载阻抗等于从负载阻抗两端看过去的等效戴维宁阻抗的共轭复数时,正弦稳态电流传递给负载的有功功率最大。

二、知识重点

（1）本章概念较多,要梳理出各概念的含义及各概念间的相互关系。

（2）理论联系实际,掌握一些基本问题如各类不同的交流功率、最大功率传输等问题的分析和计算方法。

三、思维导图

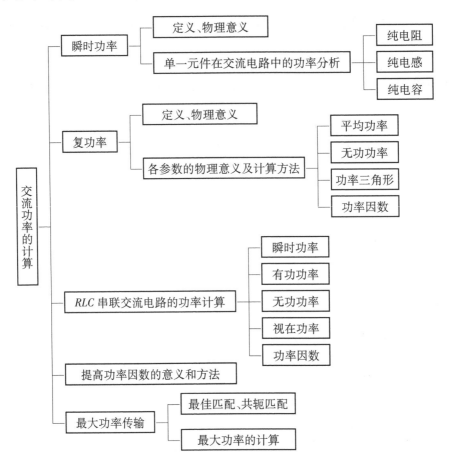

习　题

6-1 若已知负载有功功率 $P = 173$ W, 无功功率 $Q = 100$ var, 则其视在功率 S 是多少。

6-2 若在 RL 串联的正弦交流电路中 $R = 40\ \Omega$, $X_L = 30\ \Omega$, 电路的无功功率 $Q = 484$ var, 则视在功率等于多少。

6-3 在交流电路中,已知: $u = 220\sqrt{2}\sin(\omega t - 15°)$ V, $\dot{I} = 4.4\angle -68.13°$ A。求: Z, $|Z|$, φ, $\cos\varphi$, P, Q, S。

6-4 无源二端网络如题 6-4 图所示,输入端的电压 $u = 220\sqrt{2}\sin(314t + 20°)$ V, 电流 $i = 4.4\sqrt{2}\sin(314t - 33°)$ A, 试求此二端网络由两个元件串联的等效电路和元件的参数值,并求二端网络的功率因数及有功功率和无功功率。

6-5 题 6-5 图所示交流电路中,已知: $u = 220\sqrt{2}\sin314t$ V, $R = 5\ \Omega$, $X_L = 5\ \Omega$, $X_C = 10\ \Omega$, 求 P, Q, S, 并画相量图。

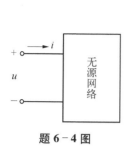

题 6-4 图

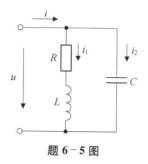

题 6-5 图

6-6 一个电容元件两端的电压 $u_C = 220\sqrt{2}\sin(314t + 40°)\,\text{V}$，通过它的电流 $I_C = 5\,\text{A}$，问电容量 C 和电容电流的初相角 φ_i 各为多少？绘出电压和电流的相量图，计算无功功率 Q。

6-7 如题 6-7 图所示，一个电感线圈，$R = 8\,\Omega$，$X_L = 6\,\Omega$，$I_1 = I_2 = 0.2\,\text{A}$，求：
(1) u, i 的有效值；
(2) 求电路的总的功率因数 $\cos\varphi$ 及总功率 P。

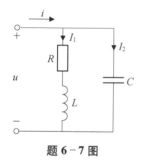

题 6-7 图

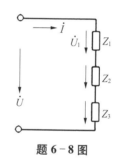

题 6-8 图

6-8 电路如题 6-8 图所示，是三个阻抗串联的电路，电源电压 $\dot{U} = 220\angle 30°\,\text{V}$，已知 $Z_1 = (2 + \text{j}6)\,\Omega$，$Z_2 = (3 + \text{j}4)\,\Omega$，$Z_3 = (3 - \text{j}4)\,\Omega$，求：
(1) 电路的等效复阻抗 Z，电流 $\dot{I}$ 和电压 $\dot{U}_1$，$\dot{U}_2$，$\dot{U}_3$。
(2) 画出电压、电流相量图。
(3) 计算电路的有功功率 P、无功功率 Q 和视在功率 S。

6-9 题 6-9 图所示为 RLC 并联电路，输入电压 $u = 220\sqrt{2}\sin(314t + 45°)\,\text{V}$，$R = 11\,\Omega$，$L = 35\,\text{mH}$，$C = 144.76\,\mu\text{F}$。求：
(1) 并联电路的等效复数阻抗 Z；
(2) 各支路电流和总电流；
(3) 画出电压和电流相量图；
(4) 计算电路总的 P、Q 和 S。

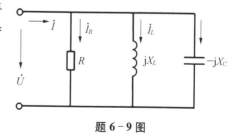

题 6-9 图

6-10 电路如题 6-10 图所示，已知 $R = R_1 = R_2 = 10\,\Omega$，$L = 31.8\,\text{mH}$，$C = 318\,\mu\text{F}$，$f = 50\,\text{Hz}$，$U = 10\,\text{V}$，试求并联支路端电压 U_{ab} 及电路的 P，Q，S 及 $\cos\varphi$。

6-11 题 6-11 图中，$U = 220\,\text{V}$，$f = 50\,\text{Hz}$，$R_1 = 10\,\Omega$，$X_1 = 10\sqrt{3}\,\Omega$，$R_2 = 5\,\Omega$，$X_2 = 5\sqrt{3}\,\Omega$，试求：

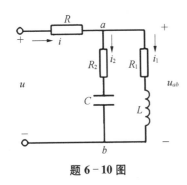

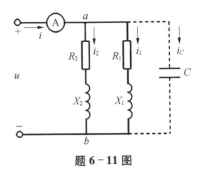

题 6-10 图   题 6-11 图

(1) 电流表的读数和电路的功率因数 $\cos \varphi$;

(2) 若欲使电路的功率因数提高到 0.866,则需并联多大的电容?

(3) 并联电容后电流表的读数又为多少?

6-12 40 W 的日光灯的灯管与镇流器(可近似地把镇流器看作纯电感)串联在电压为 220 V、频率为 50 Hz 的电源上。已知灯管工作时为纯电阻负载,灯管两端的电压等于 110 V,试求镇流器的感抗与电感,这时电路的功率因数是多少? 若将功率因数提高到 0.8,问应并联多大的电容?

参 考 答 案

6-1 200 V · A

6-2 807 V · A

6-3 $50\angle 53.13°\ \Omega$, 50 Ω, 53.13°, 0.6, 580.8 W, 774.4 var, 968 V · A

6-4 $R=30\ \Omega$, $X_L=40\ \Omega$, 3/4, 580.8 W, 774.4 W

6-5 4 840 W, 0, 4 840 V · A,图略

6-6 72.38 μF, 130°,图略, 1 100 var

6-7 (1) 0.18 A, 2 V;

     (2) 0.89, 0.32 W

6-8 (1) $10\angle 36.87°\ \Omega$, $22\angle -6.87°$ A, $\dot{U}_1 = 44\sqrt{10}\angle \phi_1$ V ($\phi_1 = -6.87° + \arctan 3$)

     $\dot{U}_2 = 110\angle 46.26°$ V, $\dot{U}_3 = 110\angle -60°$ V;

     (2) 图略;

     (3) $P = 3\ 872$ W, $Q = 2\ 904$ var, $S = 4.84$ kV · A

6-9 (1) (8.8-8.8j) Ω;(2) $I_R = 20$ A, $I_L = 20$ A, $I_C = 10$ A, $I = 10\sqrt{5}$ A;

     (3) 图略;(4) 4 400 W, $2\ 200\sqrt{5}$ V · A, 2 200 var

6-10 5 V, 5 W, 0, 5 V · A, 1

6-11 (1) 33 A, 0.5;(2) 276 μF;(3) 19.05 A

6-12 524 Ω, 1.68 H, 0.5, 2.59 μF

第七章　耦合电感和谐振电路

学习要点

（1）了解磁耦合及其产生的互感现象,熟悉互感电动势、互感系数和互感电路的概念、定义和计算方法。

（2）熟悉变压器的工作原理,了解变压器理想化的条件。

（3）掌握理想变压器的电压变换、电流变换和阻抗变换及其应用。

（4）熟悉 RLC 电路的谐振原理,掌握 RLC 电路频率响应的分析方法。

第一节　互　感　电　路

一、互感及相关术语

1. 互感现象、互感电动势、磁耦合和耦合电感

设有两个相邻的匝数为 N_1 的线圈 L_1 和匝数为 N_2 的线圈 L_2,线圈的绕向及电流的流向,如图 7-1 所示。根据电流磁效应和电磁感应定律,可以确定电流在线圈产生的磁通方向,以及磁通变化产生感应电动势的方向。

图 7-1 中,线圈 L_1 的电流 i_1 称为施感电流,产生的磁通为 Φ_{11}（Φ_{11} 的第 1 个下标 1 表示产生的磁通所在线圈的标号 L_1,第 2 个下标 1 表示施感电流所在线圈的标号为 L_1）。

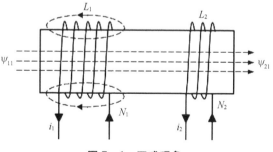

图 7-1　互感现象

当 L_1 的电流 i_1 发生变化时,穿过自身线圈 L_1 的磁通 Φ_{11} 要发生变化,变化的磁通将在自身 L_1 上产生感应电动势 e_{11},e_{11} 称为自感电动势,它的感生电流连接的磁通,称为自感磁通链 Ψ_{11},简称自感磁链。

同时,当电流 i_1 发生变化时,穿过线圈 L_2 的磁通也要发生变化,变化的磁通将在 L_2 产生感应电动势 e_{21},e_{21} 称为互感电动势,它的感生电流连接的磁通,称为互感磁链 Ψ_{21}。

当 L_2 的电流 i_2 发生变化时,情况与上述相同,如图 7-1 所示。为了简洁,图 7-1 未

画出 i_2 产生的自感磁链 Ψ_{22} 和互感磁链 Ψ_{12}。

这种由于一个线圈的电流变化产生的磁通变化,在另一个线圈中引起电磁感应的现象称为互感现象,所产生的感应电动势称为互感电动势。

在两个载流线圈 L_1、L_2 之间由于磁场的相互影响而产生的联系称为磁耦合。

具有磁耦合的两个或多个线圈称为耦合电感元件,简称耦合电感。

2. 互感系数

当 L_1 与 L_2 周围的磁介质为各向同性时,若每一种磁链都与产生它的施感电流成正比,则自感磁链与互感磁链分别为

$$\begin{cases} \Psi_{11} = L_1 i_1 \\ \Psi_{22} = L_2 i_2 \\ \Psi_{12} = M_{12} i_2 \\ \Psi_{21} = M_{21} i_1 \end{cases} \tag{7-1}$$

L_1 是 Φ_1 在自身 L_1 产生磁链 Ψ_{11} 时的自感系数,简称自感;L_2 是 Φ_2 在自身 L_2 产生磁链 Ψ_{22} 时的自感系数。

M_{12} 是 Φ_2 在 L_1 产生互感磁链 Ψ_{12} 时的互感系数,简称互感;M_{21} 是 Φ_1 在 L_2 产生互感磁链 Ψ_{21} 时的互感系数。

可以证明,$M_{12} = M_{21}$,则令 $M = M_{12} = M_{21}$。

耦合电感中的磁链是自感磁链和互感磁链的代数和,即

$$\begin{cases} \Psi_1 = \Psi_{11} \pm \Psi_{12} = L_1 i_1 \pm M i_2 \\ \Psi_2 = \Psi_{22} \pm \Psi_{21} = L_2 i_2 \pm M i_1 \end{cases} \tag{7-2}$$

式(7-2)表明,耦合电感中的磁链与施感电流呈线性关系,当自感磁链与互感磁链方向一致时,M 为正,否则,M 为负。

根据电磁感应定律,耦合电感的端口将产生感应电动势,线圈 L_1、L_2 中产生的感应电压分别为

$$\begin{cases} u_1 = \dfrac{\mathrm{d}\Psi_1}{\mathrm{d}t} = L_1 \dfrac{\mathrm{d}i_1}{\mathrm{d}t} \pm M \dfrac{\mathrm{d}i_2}{\mathrm{d}t} \\ u_2 = \dfrac{\mathrm{d}\Psi_2}{\mathrm{d}t} = L_2 \dfrac{\mathrm{d}i_2}{\mathrm{d}t} \pm M \dfrac{\mathrm{d}i_1}{\mathrm{d}t} \end{cases} \tag{7-3}$$

3. 同名端

在图 7-2 和图 7-3 中,线圈画法采用了元件符号,线圈 L_1、L_2 之间存在磁耦合,磁耦合的结果有两种情况,一种是自感磁链与互感磁链叠加增强,$\Psi_1 = \Psi_{11} + \Psi_{12}$,称为同向磁耦合;另一种是自感磁链与互感磁链抵消减弱,$\Psi_1 = \Psi_{11} - \Psi_{12}$,称为反向磁耦合。

当同向磁耦合时,施感电流在各自线圈流入或流出的端子,称为同名端,用"·"或"＊"符号标记,如图 7-2 和图 7-3 所示,图中"M"表示互感。

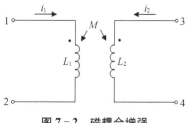

图 7-2 磁耦合增强

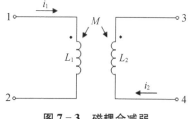

图 7-3 磁耦合减弱

图 7-2 中,端子"1"和"3"标示了"·",表示它们是一对同名端,若施感电流 i_1 把端子"1"作为输入端,施感电流 i_2 把端子"3"作为输入端,则它们的磁耦合将会增强,即自感磁链与互感磁链叠加;或者若施感电流 i_1 把端子"2"作为输入端,施感电流 i_2 把端子"4"作为输入端,则它们的磁耦合将同样会增强。

若 i_1 把端子"1"作为输入端,i_2 把端子"4"作为输入端或者 i_1 把端子"2"作为输入端,i_2 把端子"3"作为输入端,则它们的磁耦合将会减弱,如图 7-3 所示。

需要指出,标上"M"和同名端符号的一对线圈表示耦合电感,耦合电感可以看作一个具有四个端子的二端口电子元件。

当电路中有多个耦合电感时,每一对要用不同的同名端符号加以区分。

在电子电路中,可以运用实验的方法来确定同名端。

二、互感电路

1. 磁耦合系数

耦合电感中的磁链 Ψ_1、Ψ_2 不仅与施感电流 i_1、i_2 有关,还与线圈结构、两个线圈的相对位置和磁介质有关,如果 $\Psi_1 > \Psi_{11}$,那么说明磁耦合的磁链 Ψ_1 得到增强。

可以通过互感磁链与自感磁链的比值来衡量两个线圈耦合的疏密度。

线圈 L_1 的比值为 $\left| \dfrac{\Psi_{12}}{\Psi_{11}} \right| = \dfrac{M i_2}{L i_1}$,线圈 $L2$ 的比值为 $\left| \dfrac{\Psi_{21}}{\Psi_{22}} \right| = \dfrac{M i_1}{L i_2}$。

当 $i_1 = i_2 = 1$ 时,上述比值越大,说明耦合越紧密。

在工程上,常用磁耦合系数 k 表明耦合程度,磁耦合系数 k 定义为

$$k = \frac{M}{\sqrt{L_1 L_2}} \tag{7-4}$$

k 的取值范围为 $0 \le k \le 1$,k 越大,说明两个线圈的互感越大。$k = 0$,称为无耦合;$k = 1$,称为全耦合。

例 7-1 设线圈 L_1 的端子为 1、2,线圈 L_2 的端子为 3、4,如图 7-4 所示,如果 L_1 与 L_2 为同向磁耦合,试标出 L_1 与 L_2 的同名端。

解: 对于由运动电荷或电流产生磁场的磁感应线方向,可以由安培定则,也称右手螺旋定则来确定。安培定则包含了两种情况,安培定则一针对的情况是通电直导线;安培定则二针对的情况是通电螺线管或环形电流线圈。

本题是环形电流线圈,因此采用安培定则二,用右手握住通电线圈,让四指指向电流的方向,那么大拇指所指的那一端是通电螺线管的磁场的方向(N 极)。

L_1 与 L_2 为同向磁耦合,如果 L_1 的电流从端子 1 流进,从端子 2 流出,那么 L_2 的电流应该从端子 3 流进,从端子 4 流出。因此,L_1 与 L_2 的同名端如图 7-5 所示。

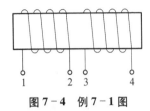
图 7-4　例 7-1 图

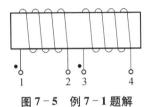
图 7-5　例 7-1 题解

例 7-2　设线圈 L_1 的端子为 1、2,线圈 L_2 的端子为 3、4,如图 7-6 所示,如果 L_1 与 L_2 为同向磁耦合,试标出 L_1 与 L_2 的同名端。

解:根据安培定则二,L_1 与 L_2 为同向磁耦合,如果 L_1 的电流应该从端子 1 流进,从端子 2 流出,那么 L_2 的电流应该从端子 4 流进,从端子 3 流出。因此,L_1 与 L_2 的同名端如图 7-7 所示。

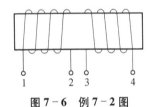
图 7-6　例 7-2 图

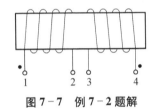
图 7-7　例 7-2 题解

2. 耦合电感的相量模型

在互感电路中,分析耦合电感时,不但要考虑自感,还要考虑互感。当耦合电感的施感电流为正弦电流时,耦合电感的相量模型分磁耦合增强和磁耦合减弱两种情况讨论,如图 7-8 和图 7-9 所示。

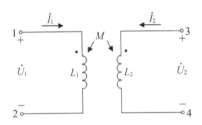
图 7-8　耦合电感相量模型(磁耦合增强)　　图 7-9　耦合电感相量模型(磁耦合减弱)

线圈 L_1 的自感电压和互感电压为

$$\dot{U}_{11} = j\omega L_1 \dot{I}_1$$
$$\dot{U}_{12} = j\omega M \dot{I}_2$$

线圈 L_2 的自感电压和互感电压为

$$\dot{U}_{22} = j\omega L_2 \dot{I}_2$$
$$\dot{U}_{21} = j\omega M \dot{I}_1$$

当电流 i_1 与 i_2 分别从同名端流进电感时,如图 7-8 所示,互感电路的电压与电流的相

量关系为

$$\dot{U}_1 = \dot{U}_{11} + \dot{U}_{12} = j\omega L_1 \dot{I}_1 + j\omega M \dot{I}_2 \qquad (7-5)$$

$$\dot{U}_2 = \dot{U}_{22} + \dot{U}_{21} = j\omega L_2 \dot{I}_2 + j\omega M \dot{I}_1 \qquad (7-6)$$

式(7-5)中,对于线圈 L_1,总的感应电压 $\dot{U}_1$ 是由自感电压 $\dot{U}_{11}$ 和互感电压 $\dot{U}_{12}$ 两部分组成的。

当电流 i_1 与 i_2 没有分别从同名端流进电感时,如图 7-9 所示,互感电路的电压与电流的相量关系为

$$\dot{U}_1 = \dot{U}_{11} - \dot{U}_{12} = j\omega L_1 \dot{I}_1 - j\omega M \dot{I}_2 \qquad (7-7)$$

$$\dot{U}_2 = \dot{U}_{22} - \dot{U}_{21} = j\omega L_2 \dot{I}_2 - j\omega M \dot{I}_1 \qquad (7-8)$$

令 $X_{L_1} = \omega L_1$,$X_{L_2} = \omega L_2$,X_{L_1}、X_{L_2} 称为自感容抗;令 $X_M = \omega M$,X_M 称为互感容抗。

当自感电压、互感电压与线圈总电压参考方向一致时,自感电压总是为正;互感电压与产生它的施感电流与同名端一致时为正,不一致时为负。

3. 串联互感电路

由于互感线圈之间磁耦合有同向和反向之分,所以耦合电感的串联也分为两种情况。

(1) 同向串联

两个线圈的异名端相连称为同向串联,如图 7-10 所示,电流从两个线圈的同名端流入,串联后的总电压为

$$\begin{aligned}
\dot{U} &= \dot{U}_1 + \dot{U}_2 = (\dot{U}_{11} + \dot{U}_{12}) + (\dot{U}_{21} + \dot{U}_{22}) \\
&= j\omega L_1 \dot{I} + j\omega M \dot{I} + j\omega L_2 \dot{I} + j\omega M \dot{I} \\
&= j\omega(L_1 + L_2 + 2M)\dot{I} = j\omega L \dot{I}
\end{aligned} \qquad (7-9)$$

式中,$L = L_1 + L_2 + 2M$,L 称为同向串联的等效电感。

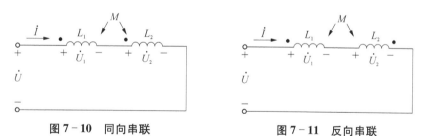

图 7-10 同向串联 图 7-11 反向串联

(2) 反向串联

两个线圈的同名端相连称为反向串联,如图 7-11 所示,电流从一个线圈的同名端和另一个线圈的异名端流入,串联后的总电压为

$$\begin{aligned}
\dot{U} &= \dot{U}_1 + \dot{U}_2 = (\dot{U}_{11} + \dot{U}_{12}) + (\dot{U}_{21} + \dot{U}_{22}) \\
&= j\omega L_1 \dot{I} - j\omega M \dot{I} - j\omega L_2 \dot{I} + j\omega M \dot{I} \\
&= j\omega(L_1 + L_2 - 2M)\dot{I} = j\omega L \dot{I}
\end{aligned} \qquad (7-10)$$

式中,$L = L_1 + L_2 - 2M$,L 称为反向串联的等效电感。

例 7 - 3　在图 7 - 12 中, L_1、L_2 两个磁耦合线圈同向串联, 已知两个线圈的参数为 $R_1 =$ 100 Ω, $L_1 = 1$ H, $L_2 = 3$ H, 交流电源电压有效值 $U = 220$ V, 线圈电流 $\dot{I} = 0.138\angle -80°$ A, $\omega =$ 314 rad/s; 试求电阻 R_2, 互感系数 M, 线圈 L_1、L_2 的电压 $\dot{U}_1$ 和 $\dot{U}_2$。

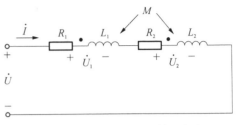

图 7 - 12　线圈同向串联等效电路

解: (1) 求互感系数 M

$$\dot{U} = (R_1 + R_2)\dot{I} + j\omega(L_1 + L_2 + 2M)\dot{I}$$

$$\frac{\dot{U}}{\dot{I}} = (R_1 + R_2)\dot{I} + j\omega(L_1 + L_2 + 2M)$$

$$\left|\frac{U}{I}\right|\cos 80° + j\left|\frac{U}{I}\right|\sin 80° = (R_1 + R_2) + j\omega(L_1 + L_2 + 2M)$$

实部、虚部分别相等, 即

$$\left|\frac{U}{I}\right|\cos 80° = (R_1 + R_2)$$

$$\left|\frac{220}{0.138}\right|\cos 80° = 100 + R_2$$

$$R_2 = 176.8 \ \Omega$$

$$\left|\frac{U}{I}\right|\sin 80° = \omega(L_1 + L_2 + 2M)$$

$$\left|\frac{220}{0.138}\right|\sin 80° = 314(L_1 + L_2 + 2M)$$

$$\left|\frac{220}{0.138}\right| \times 0.984\,8 = 314(1 + 3 + 2M)$$

$$M = 0.5 \ \text{H}$$

(2) 求线圈 L_1、L_2 的电压

$$\dot{U} = \dot{U}_1 + \dot{U}_2$$

$$\dot{U}_1 = (R_1 + j\omega L_1 + j\omega M)\dot{I}$$

$$= (100 + j314 + j157) \times 0.138\angle -80°$$

$$= (100 + j471) \times 0.138\angle -80°$$

$$= 481.5\angle 78° \times 0.138\angle -80°$$

$$= 66.45\angle -2° \ \text{V}$$

$$\dot{U}_2 = (R_2 + j\omega L_2 + j\omega M)\dot{I}$$

$$= (176.8 + j942 + j157) \times 0.138\angle -80°$$

$$= (176.8 + j1\,099) \times 0.138 \angle -80°$$

$$= 1\,113.1 \angle 80.86° \times 0.138 \angle -80°$$

$$= 153.61 \angle 0.86° \ V$$

4. 并联互感电路

同理,由于互感线圈之间磁耦合有同向和反向之分,所以耦合电感的并联也分为两种情况。

(1)同侧并联

两个线圈的同名端相连称为同侧并联,如图 7-13 所示。

电流从两个线圈的同名端流入,同侧并联后的总电压为

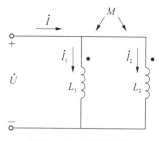

$$\dot{U} = j\omega L_1 \dot{I}_1 + j\omega M \dot{I}_2$$

$$\dot{U} = j\omega L_2 \dot{I}_2 + j\omega M \dot{I}_1$$

总电流 $\dot{I} = \dot{I}_1 + \dot{I}_2$,将 $\dot{I}_2$、$\dot{I}_1$ 代入上述两式,得

$$\dot{U} = j\omega(L_1 - M)\dot{I}_1 + j\omega M \dot{I}$$
$$\dot{U} = j\omega(L_2 - M)\dot{I}_2 + j\omega M \dot{I} \qquad (7-11)$$

图 7-13 同侧并联

上述等效变换称为去耦法,去耦等效电路如图 7-14 所示。

例 7-4 根据图 7-14,求同侧并联去耦等效电路的等效电感。

解: 令 $Z = j\omega M$,$Z_1 = j\omega(L_1 - M)$,$Z_2 = j\omega(L_2 - M)$,运用欧姆定律,得

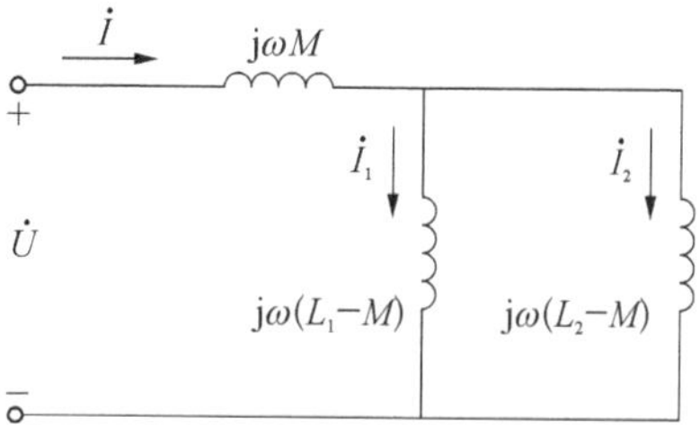

$$\dot{U} = Z_1 \dot{I}_1 + Z \dot{I}$$

$$\dot{U} = Z_2 \dot{I}_2 + Z \dot{I}$$

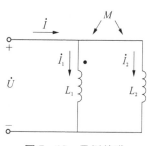

图 7-14 同侧并联去耦等效电路

根据 $\dot{I} = \dot{I}_1 + \dot{I}_2$,得

$$\frac{\dot{U}}{\dot{I}} = Z + Z_1 \mathbin{/\mkern-5mu/} Z_2 = j\omega \left[M + (L_1 - M) \mathbin{/\mkern-5mu/} (L_2 - M) \right]$$

令等效电感 $L = M + (L_1 - M) \mathbin{/\mkern-5mu/} (L_2 - M)$,化简得到同侧并联去耦等效电路的等效电感为

$$L = \frac{L_1 L_2 - M^2}{L_1 + L_2 - 2M}$$

(2)异侧并联

两个线圈的异名端相连称为异侧并联,如图 7-15 所示。

电流从一个线圈的同名端和另一个线圈的异名端流入,并联后的总电压为

$$\dot{U} = j\omega L_1 \dot{I}_1 - j\omega M \dot{I}_2$$

$$\dot{U} = j\omega L_2 \dot{I}_2 - j\omega M \dot{I}_1$$

图 7-15 异侧并联

总电流 $\dot{I} = \dot{I}_1 + \dot{I}_2$，将 $\dot{I}_2$、$\dot{I}_1$ 代入上述两式，得

$$\dot{U} = j\omega(L_1 + M)\dot{I}_1 - j\omega M\dot{I}$$
$$\dot{U} = j\omega(L_2 + M)\dot{I}_2 - j\omega M\dot{I}$$
(7-12)

异侧并联去耦等效电路如图 7-16 所示。

根据图 7-16，运用欧姆定律，可以得到异侧并联去耦等效电路的等效电感为

$$L = \frac{L_1 L_2 - M^2}{L_1 + L_2 + 2M}$$

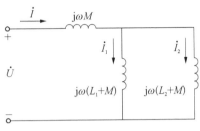

图 7-16　异侧并联去耦等效电路

第二节　变压器原理

变压器是一种静止电气设备，它是耦合电感在工程上应用的一个典型例子，变压器将一种电能等级的交流电压转换为另一种电能等级的交流电压，因此变压器在电力电子技术、电工技术和电子技术领域得到了广泛的应用。

在电力电子技术方面，由于功率 $P = UI\cos\varphi$，当 P 和 $\cos\varphi$ 一定时，若电压 U 越高，则电流 I 越小，因此在输送电能时，可以利用变压器升高电压，采取高压输电，这样可以大大降低电流，这就可以减小输电导线的截面积，达到节省导线材料的目的，同时还可以减小输电线路的功率损耗。

在电子技术方面，除了常用的电源变压器，变压器还用于信号传递、电路耦合和阻抗匹配等。

一、变压器的结构

变压器最基本的结构部件是由铁芯、绕组等组成，如图 7-17(a) 所示。最简单的铁芯变压器由一个软磁材料做成的铁芯及套在铁芯上的两个匝数不等的线圈构成。

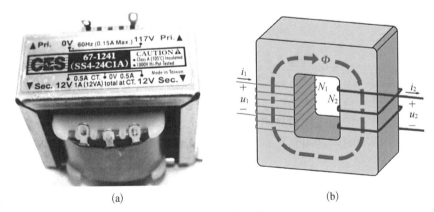

(a)　　　　　　　　　　　　　(b)

图 7-17　变压器

1. 铁芯

铁芯是磁力线的通路,简称磁路,磁路的作用是聚集和加强磁通,此外,铁芯还用来支撑绕组。

英国冶金学家 Robert Abbott Hadfield(1858—1940)在 1900 年发现含有 4%硅的硅铁合金具有良好的磁性。在铁中加入硅成为硅铁合金后,具有导磁率高、矫顽力低、电阻系数大等特性,因此磁滞损失和涡流损失都小。

铁芯通常由含硅量较高、表面涂有绝缘漆的硅钢片叠加而成。变压器传输功率的大小,取决于铁芯的材料和横截面积。

用于制造变压器的硅钢片种类很多,按制作工艺可分为煅烧和无煅烧两种;按形状可分为 EI 型、UI 型、C 型和口型。

2. 变压器的绕组是电流的通路,变化电流流过绕组产生变化磁通,并产生感应电动势。

变压器的绕组分为初级绕组和次级绕组,为了便于分析,常将初级绕组 L_1 和次级绕组 L_2 画在铁芯的两边,如图 7-17(b)所示。

初级绕组与电源相连接,又称为一次绕组或原绕组;次级绕组与负载相连接,又称为二次绕组或副绕组。初级绕组、次级绕组的匝数分别记为 N_1、N_2。

二、变压器的工作原理

变压器是应用电磁感应原理来工作的,当变压器的一次绕组接上交流电压 u_1 时,若流过一次绕组的电流为 i_1,则该电流在铁芯中会产生交变磁通,由于铁芯及其结构,使一次绕组和二次绕组发生磁耦合,一次绕组与二次绕组的磁耦合系数接近于 1。一次绕组与二次绕组的匝数分别为 N_1 和 N_2。

一次绕组的磁通势 $N_1 i_1$ 产生的磁通几乎全部通过铁芯磁路而闭合,从而在二次绕组中产生感应电动势。

若变压器二次绕组接上负载,那么二次绕组中就有电流 i_2 流过,二次绕组的磁通势 $N_2 i_2$ 也产生磁通,其绝大部分也通过铁芯磁路而闭合。

当变压器二次绕组空载时,二次绕组中的电流 $i_2=0$,空载输出电压为 u_{20}。

因此,铁芯中的磁通是一个由一次绕组和二次绕组的磁通势共同产生的叠加磁通,称为主磁通 Φ,主磁通 Φ 是交变磁通。根据电磁感应原理,交变磁通穿过这两个绕组就会感应出电动势,其大小与绕组匝数及主磁通的最大值成正比,绕组匝数多的一侧电压高,绕组匝数少的一侧电压低。主磁通 Φ 在一次绕组感应产生的感应电动势为 e_1,在二次绕组感应产生的感应电动势为 e_2,如图 7-18(a)所示。

主磁通 Φ 通过铁芯磁路,因此 Φ 与 i 之间没有线性关系,铁芯线圈的主磁电感 L 不是一个常数,即铁芯线圈是一个非线性电感元件。

此外,一次绕组和二次绕组的磁通势还产生了通过非铁芯磁路(空气或其他非导磁介质)而闭合的磁通,称为漏磁通 $\Phi_{\sigma1}$ 和 $\Phi_{\sigma2}$,漏磁通仅与本绕组相连接,漏磁通产生了漏磁电动势 $e_{\sigma1}$ 和 $e_{\sigma2}$,如图 7-18(a)所示,漏磁通不通过铁芯磁路,因此 i 与 Φ_σ 之间有线性关系,漏磁电感 L_σ 是一个常数。变压器的电路符号如图 7-18(b)所示。

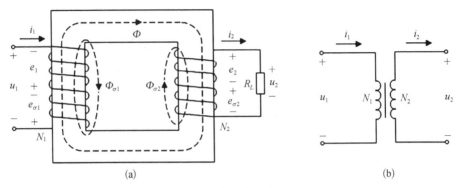

图 7 - 18 变压器工作原理

三、变压器的分类

1. 按电源相数分

单相变压器,用于单相负荷等。

三相变压器,用于三相电力系统的电能传输等。

2. 按冷却方式分

干式变压器,依靠空气对流进行自然冷却或使用风机风扇强制冷却,常用于小功率电源变压器或电子线路信号变压器等。

油浸式变压器,常用于大功率变压器,如电力变压器,依靠绝缘油作为冷却介质、通过油浸自冷、油浸风冷、油浸水冷、强迫油循环等方式来控制变压器的温升。

3. 按用途分

电力变压器,用于电能传输过程中的升压或降压。

电源变压器,常用于电子设备的电源输入。

仪用变压器,常用于电子线路中的电压互感器、电流互感器等。

4. 按绕组形式分

自耦变电器,它是一种特殊变压器,普通变压器是通过一次绕组与二次绕组之间的磁耦合来传递能量,一次绕组与二次绕组之间没有电的直接联系,但自耦变压器是只有一个绕组的变压器,因此线圈的一次绕组与二次绕组之间有电的直接联系。与普通变压器相比,同容量的自耦变压器具有尺寸小、效率高和造价低等优点,但由于输出和输入共用一组绕组,所以制造工艺要求也高。

双绕组变压器,即一次绕组与二次绕组,它是最常用的绕组形式。

三绕组变压器,一般用于连接三个电压等级的电力系统中。

5. 按铁芯形式分

芯式变压器,具有变压器结构简单、绝缘要求低的优点,因此电力变压器铁芯一般都采用芯式结构。铁芯包括铁芯柱和铁轭两部分。铁芯柱上套绕组,铁轭将铁芯柱连接起来,使之形成闭合磁路。三相芯式变压器的结构是三相的磁路相互共享,每一相的磁通都以其他两相的磁路作为自己的磁路。与壳式变压器相比,芯式变压器具有材料少、价格低和体积小等优点,因而得到广泛的应用,如图 7 - 19 所示。

(a) 单相芯式变压器　　　　　　　　(b) 三相芯式变压器

图 7－19　芯式变压器

　　壳式变压器,具有结构坚固、能承受较大电磁力、适用于大电流变压器的优点,但制造工艺要求高、绝缘处理难度大。单相壳式变压器铁芯,把全部绕组放在中间的铁芯柱上,两个分支铁芯柱好像"外壳"似的围绕在绕组的外侧,因而有壳式变压器之称。三相壳式变压器的铁芯,可以看作由三个独立的单相壳式变压器并排合拢放在一起而构成,如图 7－20 所示。

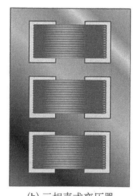

(a) 单相壳式变压器　　　　　　　(b) 三相壳式变压器

图 7－20　壳式变压器

　　6. 按工作频率分

　　低频、中频、音频和高频变压器等。

四、变压器的主要参数

　　1. 额定容量

　　变压器在额定电压和额定电流的条件下,能够保证变压器长期稳定工作时输送的容量(视在功率),单位为 kV·A。

　　2. 额定频率

　　变压器的铁芯损耗(铁损)与频率关系很大,我国额定频率为工频 50 Hz。

　　3. 额定电压

　　额定电压是指对变压器一次绕组施加的电压值,当变压器工作时,不允许超过这个额定值。

　　4. 额定电流

　　在变压器额定容量下,允许长期通过的电流值;一次绕组和二次绕组有各自的额定电流。当变压器工作时,不允许超过电流的额定值。

5. 空载损耗

它是当变压器二次绕组空载时,在一次绕组测量到的功率损耗。

6. 效率

它是变压器输出的有功功率 P_o 与输入的有功功率 P_i 之比,效率 η 用百分数表示,有

$$\eta = \frac{P_i}{P_o} \times 100\% \qquad (7-13)$$

7. 绝缘水平

它是变压器各绕组之间、各绕组与铁芯之间的绝缘性能。

绝缘电阻的大小与工作环境的潮湿程度、绕组的接头安装、是否长时间的过负荷运行并产生高温和使用的绝缘材料的性能有关。

8. 短路阻抗(%)

把变压器的二次绕组短路后,逐渐提高一次绕组的输入电压。当二次绕组的短路电流达到额定值时,对应一次绕组的施加电压值,一般以施加电压值占额定电压的百分比来表示。变压器的短路阻抗值是变压器的一个重要参数,它表明变压器内阻抗的大小。

例 7-5 图 7-21 是某变压器的产品铭牌,试解读该变压器的性能参数。

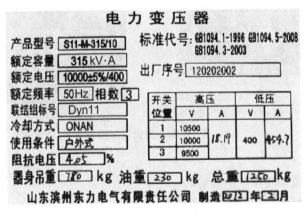

图 7-21 变压器铭牌

解: 铭牌上标有生产厂家、产品名称、型号、出厂序号、生产日期、变压器的总重量(包括变压器自重、冷却油重量)和制造依据的国家标准代号。除此之外,还标有一些变压器的参数和使用要求。

(1) 额定容量为 315 kV·A,它是变压器的视在功率。

(2) 额定电压参数是一次绕组(高压绕组)的额定电压 U_{1N} 为 10 000(1±5%)V,二次绕组(低压绕组)的额定电压 U_{2N} 为 400 V。铭牌同时给出了变压器高压绕组的分接抽头(开关位置=2)。

(3) 额定频率为 50 Hz,它是我国的工频频率。

(4) 相数为 3,因此产品是一台三相电力变压器。

(5) 联结组标号为 Dyn11,变压器按一次绕组与二次绕组的联结方式分为 Dyn11 和

Yyn0 两种。

联结组标号常采用时钟表示法,把高压绕组的相量作为时钟的长针,固定在 12 上;低压绕组的相量作为时钟的短针,看短针指在哪一个数字上,就作为联结组的标号。

Dyn11 是一次绕组为 △ 连接,二次绕组为星形连接,一次线电压与二次线电压的相位关系是二次绕组的相位滞后一次绕组 330°,如同时钟在 11 点时分针与时针的关系,夹角为 30°。

Yyn0 是一次绕组与二次绕组都是星形连接,一次线电压与二次线电压的相位关系如同时钟在 0 点(或 12 点)时分针与时针的关系,当三相负荷基本平衡时,联结组标号可以选 Yyn0,当接线时,二次绕组的中性点需要引出接地。

(1) 冷却方式分为 ONAN(油浸自冷)和 ONAF(油浸风冷)两种。

大多数容量较小的变压器都采用 ONAN 方式;对于安装在气温较高地区的变压器,可以把变压器表面加工成波浪形以增加散热面。

ONAF 方式是使用风机或风扇对变压器进行强制散热,这种冷却方式适用于额定容量较大的变压器;当需要进一步散热时,可以安装油泵对冷却油进行油循环以增加冷却效果。

(2) 使用条件分为户外和室内两种,对于户外型,需要采取防锈、防雷电等安全措施。

(3) 阻抗电压,即短路阻抗(%),它是指将变压器二次绕阻短路,在一次绕阻施加电压,当二次绕阻达到额定电流时,一次绕阻施加的电压与额定电压之比的百分数。

第三节　理　想　变　压　器

理想变压器是实际变压器理想化的模型,它是根据铁芯变压器的电气特性抽象出来的一种理想电路元件。实际变压器或多或少存在磁损、铜损和铁损等功率损耗,理想变压器忽略了这些损耗,同时变压器的漏磁通较小,变压器理想化后可以忽略,因此理想变压器是一个没有功率损耗和忽略漏磁通的无源二端口元件。

下面在变压器理想化的条件下,分别讨论变压器的电压变换、电流变换和阻抗变换。

一、变压器电压变换

根据基尔霍夫电压定律,对于一次绕组可以列出电压方程为

$$u_1 = R_1 i_1 - e_1$$

式中,u_1 为一次绕组接上的正弦电压;R_1 为一次绕组的阻抗;e_1 为一次绕组的感应电动势。一次绕组的阻抗 R_1 很小,因此可以忽略,则 $u_1 = -e_1$。

因此,对于有效值 $U_1 = E_1$。

若设主磁通为正弦波 $\Phi = \Phi_m \sin(\omega t)$,则

$$e_1 = -N_1 \frac{\mathrm{d}\Phi}{\mathrm{d}t} = -N_1 \frac{\mathrm{d}\Phi_m \sin(\omega t)}{\mathrm{d}t} = -N_1 \omega \Phi_m \cos(\omega t)$$

$$= N_1 \omega \Phi_m \sin(\omega t - 90°) = E_{1m} \sin(\omega t - 90°)$$

由上式得一次绕组的感应电动势 e_1 的幅值为

$$E_{1m} = N_1 \omega \Phi_m = 2\pi f N_1 \Phi_m = 6.28 f N_1 \Phi_m$$

一次绕组的感应电动势 e_1 的有效值为

$$E_1 = 4.44 f N_1 \Phi_m$$

因此

$$U_1 = 4.44 f N_1 \Phi_m$$

同理,根据基尔霍夫电流定律,对于二次绕组可以列出电压方程为

$$u_2 = -R_2 i_2 + e_2$$

式中,u_2 为二次绕组接上负载的端电压;R_2 为二次绕组的阻抗;e_2 为二次绕组的感应电动势。当变压器二次绕组开路,即变压器空载时,$i_2 = 0$,则

$$u_{20} = e_2$$

式中,u_{20} 为空载时二次绕组的端电压。

因此,对于有效值有

$$U_{20} = E_2$$

同理,二次绕组的感应电动势 e_2 的有效值为

$$E_2 = 4.44 f N_2 \Phi_m$$

因此

$$U_{20} = 4.44 f N_2 \Phi_m$$

一次绕组与二次绕组的电压之比为

$$\frac{U_1}{U_{20}} = \frac{E_1}{E_2} = \frac{4.44 f N_1 \Phi_m}{4.44 f N_2 \Phi_m} = \frac{N_1}{N_2} = k \qquad (7-14)$$

式中,k 称为变压器的变比,它是一次绕组与二次绕组的匝数比。

一次绕组与二次绕组的匝数 N_1、N_2 不同,因此 E_1、E_2 也不同,输入电压 U_1 与输出电压 U_2 的大小也是不相等的。

$$U_1 = k U_{20}$$

由上式可知,改变匝数比,可以改变输出电压的大小。

例 7-6 一台干式变压器铭牌标示它的额定电压为 10 000(1±5%)V/400 V,求此变压器的变比。

解: 额定电压为 10 000(1±5%)V/400 V 表示高压绕组的额定电压 U_{1N} 为 10 000(1±5%)V,低压绕组的额定电压 U_{2N} 为 400 V,U_{2N} 为二次绕组的空载电压。

实际变压器存在内阻抗电压降,因此应该比二次绕组的负载电压高 5%～10%。

变压器的变比就是它的匝数比 k，即

$$k = \frac{U_1}{U_{20}} = \frac{10\ 000\ \text{V}}{400\ \text{V}} = 15$$

二、变压器电流变换

当变压器二次绕组开路时，$i_2 = 0$，若一次绕组的电流记为 i_{10}，则产生主磁通 Φ_m 的一次绕组的磁通势为 $N_1 i_{10}$，即主磁通是由一次绕组的磁通势 $N_1 i_{10}$ 产生。

当二次绕组接上负载时，产生主磁通 Φ_m 的一次绕组和二次绕组的合成磁通势为 $N_1 i_1 + N_2 i_2$，即主磁通是由一次绕组和二次绕组的合成磁通势 $N_1 i_1 + N_2 i_2$ 产生；

由 $U_1 = 4.44 f N_1 \Phi_\text{m}$ 可知，如果电源电压和频率保持不变，那么主磁通 Φ_m 也可以看作一个常数，主磁通 Φ_m 与二次绕组是否开路无关。

因此，二次绕组开路时的主磁通是由一次绕组的磁通势 $N_1 i_{10}$ 产生的，二次绕组接上负载时的主磁通是由一次绕组和二次绕组的合成磁通势 $N_1 i_1 + N_2 i_2$ 产生的，变压器理想化的条件下，两者应该相等，即

$$N_1 i_{10} = N_1 i_1 + N_2 i_2$$

由于铁芯的磁导率非常高，一次绕组的空载电流 i_{10} 很小，可以忽略，因此

$$N_1 i_1 + N_2 i_2 \approx 0$$

或

$$N_1 i_1 = - N_2 i_2$$

当用有效值表示时，即

$$\frac{I_1}{I_2} = \frac{N_2}{N_1} = \frac{1}{k} \tag{7-15}$$

式(7-15)表明，变压器理想化的条件下，一次绕组和二次绕组的电流之比等于它们匝数比的倒数。尽管变压器的输出电流由负载的大小决定，但一次绕组和二次绕组的电流之比是基本不变的。

当负载增加时，i_2 随之增加，$N_2 i_2$ 也增加，i_1 和 $N_1 i_1$ 也会相应增加，从而抵消二次绕组的电流和磁通势对主磁通的影响，保持主磁通近似不变。

三、变压器阻抗变换

变压器除了可以实现电压变换和电流变换，还可以实现阻抗变换，通过对负载阻抗的变换，达到阻抗匹配的要求。

在电子设备中，如果要求负载获得最大功率输入，需要满足负载与电源内阻相等的条件，称为阻抗匹配。一般情况下，负载和电源内阻的大小是一定的，利用变压器可以进行阻抗变换，适当选择变压器的匝数比，把它接在电源与负载之间，就可实现阻抗匹配。

图 7 - 22(a)中的|Z|为电子设备的负载,|Z|的大小不能满足阻抗匹配的要求,如图 7 - 22(b)所示,通过变压器进行阻抗变换,达到阻抗匹配,这时可以把图 7 - 22(b)的虚框部分看作图 7 - 22(c)的|Z'_L|,两者是等效的,而|Z'_L|的大小能够满足阻抗匹配的要求。

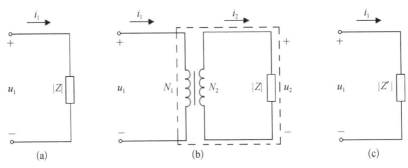

图 7 - 22　变压器阻抗变换

根据变压器的电压变换、电流变换和欧姆定律,可以得

$$| Z' | = \left(\frac{N_1}{N_2} \right)^2 | Z | \tag{7-16}$$

由上式可以知道,采用不同的匝数比,就可以实现$|Z_L|$与$|Z'_L|$之间的等式,这种方法就是通常所说的阻抗匹配。

例 7 - 7　在图 7 - 23 的变压器阻抗匹配电路中,交流电源 e 的电动势有效值为 220 V,电源内阻 $R_0 = 800\ \Omega$,负载电阻 $R_L = 8\ \Omega$,求 R_L 折算到初级回路的等效电阻 R'_L,变压器的变比 k。

解:图 7 - 23 为变压器阻抗匹配电路,因此 $R'_L = R_0 = 800\ \Omega$。

变压器的变比 k 为

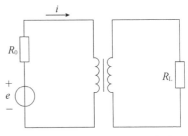

图 7 - 23　变压器阻抗匹配电路

$$k = \frac{N_1}{N_2} = \sqrt{\frac{R'_L}{R_L}} = \sqrt{\frac{800}{8}} = 10$$

第四节　RLC 电路的谐振

在含有阻抗元件和电抗元件(电容和电感)的电子电路中,它们的端电压和流过它们的电流通常不是相位相同的,如果电源频率的变化或元件参数的改变而使它们的端电压和流过它们的电流同相位,那么将会引起电路产生一种称为"谐振"的现象,能够产生谐振现象的电路称为谐振电路。

由电阻、电容和电感组成的谐振电路可以有许多不同的结构形式,但归纳起来可以分为串联谐振电路和并联谐振电路两种。

对于电子电路的谐振现象,既要研究和利用它有利的一面,又要预防和克服它危害的一面。

一、串联谐振电路

1. RLC 串联电路

RLC 串联电路如图 7－24 所示,在电阻、电容和电感组成的串联电路中,根据基尔霍夫电压定律,可以对图 7－24 电路列出方程为

$$u = u_R + u_L + u_C$$

用相量表示为

$$\dot{U} = \dot{U}_R + \dot{U}_L + \dot{U}_C$$
$$\dot{U} = (R + jX_L - jX_C)\dot{I}$$
$$\frac{\dot{U}}{\dot{I}} = R + j(X_L - X_C)$$

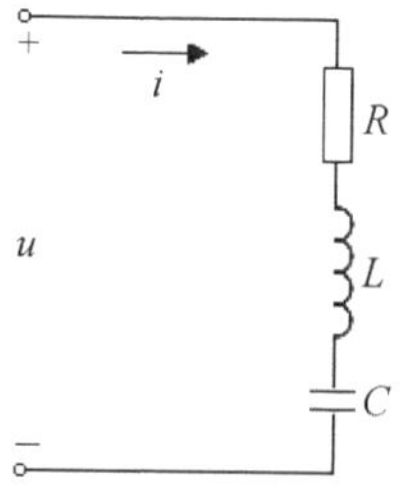

图 7－24　*RLC* 串联电路

式中,电阻为 R,感抗为 $X_L = \omega L$,容抗为 $X_C = \dfrac{1}{\omega C}$。 则有

$$Z = R + j(X_L - X_C)$$

Z 称为 *RLC* 串联电路的阻抗,它的指数表示式为

$$Z = |Z| e^{j\varphi}$$

$|Z|$ 称为阻抗模,即

$$|Z| = \sqrt{R^2 + (X_L - X_C)^2}$$

2. RLC 串联谐振电路

当谐振时,感抗等于容抗,即

$$X_L = X_C$$

或

$$\omega L = \frac{1}{\omega C}$$

角频率 $\omega = 2\pi f$, 代入上式得

$$2\pi f L = \frac{1}{2\pi f C}$$

得到 *RLC* 串联电路的串联谐振频率为

$$f = f_0 = \frac{1}{2\pi \sqrt{LC}} \tag{7－17}$$

式中,f_0 称为 *RLC* 串联电路的谐振频率,它是由 *RLC* 串联电路自身的元件参数决定的;f 为

电源的频率,当 $f = f_0$ 时,串联谐振即刻发生。

当串联谐振时,阻抗的辐角 φ,即电流与电压之间的相位差为

$$\varphi = \arctan \frac{X_L - X_C}{R} = 0$$

则 RLC 串联电路的端电压和流过它们的电流同相位,由于感抗等于容抗,并且在相位上相互抵消,阻抗模降到最小值。

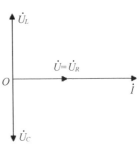

如果电源电压不变,那么只能增大电流,因此这时 RLC 串联电路的电流达到峰值,这就是谐振现象,称为 RLC 串联电路的串联谐振,图 7-25 为串联谐振相量图。

当阻抗的辐角 $\varphi > 0$,$X_L > X_C$ 时,称为电感性电路;当 $\varphi = 0$,$X_L = X_C$ 时,称为电阻性电路;当 $\varphi < 0$,$X_L < X_C$ 时,称为电容性电路。

图 7-25   串联谐振相量图

3. RLC 串联谐振电路分析

(1)当串联谐振时,阻抗模 $|Z| = \sqrt{R^2 + (X_L - X_C)^2} = R$,为阻抗模的最小值,电源向电路供给的电能全部被电阻消耗。电源电压不变,而电流将达到最大值,如果 $X_L = X_C > R$,那么电容和电感的端电压将高于电源电压,因此要注意电路中元件的额定功率是否在安全范围内。

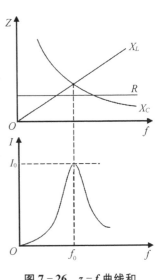

图 7-26 的 $Z-f$ 曲线,描绘了 R、X_L 和 X_C 随 f 变化的曲线,图 7-26 的 $I-f$ 曲线,描绘了 I 随 f 变化的曲线,当 $f = f_0$ 时,$I = I_0$,I 达到最大值。

(2)当串联谐振时,$|Z| = R$,因此电源与电路没有能量交换,能量交换在电容与电感之间进行。

(3)当串联谐振时,$X_L = X_C$,$\dot{U}_L$ 与 $\dot{U}_C$ 因相位相反并且大小相等而抵消,如图 7-25 所示。

(4)当串联谐振时,$\varphi = \arctan \dfrac{X_L - X_C}{R} = 0$,电源电压与

图 7-26 $z-f$ 曲线和
$i-f$ 曲线

电路中的电流同相位,因此电流呈现纯电阻性,$\dot{U} = \dot{U}_R$,如图 7-25 所示。因此,谐振时电流的大小仅与电阻有关。

例 7-8   某矿石收音机的电路如图 7-27 所示,电感线圈 $L = 0.3$ mH,线圈电阻 $R = 10\ \Omega$。D 为检波二极管,B 为耳机,如果想收听 1 008 kHz 的交通台广播,那么可变电容 C 调到多大?

解:矿石收音机的输入电路是 RLC 串联电路,从天线 A 接收的不同频率的信号会在 RLC 串联电路感应出对应不同频率的电动势 e_i,$i = 1,2,\cdots$,矿石收音机等效电路如图 7-28 所示。

改变电容 C,将需要收听的交通台广播 1 008 kHz 调节到串联谐振,这时输入电路的 1 008 kHz 频率的电流达到最大,这样电容 C 的端电压也为最大,其他频率的电流由于没有谐振而很小,所有可以忽略。

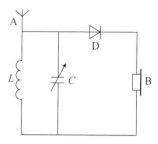

图 7-27 矿石收音机电路

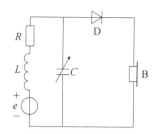

图 7-28 矿石收音机等效电路

根据 $f = f_0 = \dfrac{1}{2\pi\sqrt{LC}}$ 可得 $C = 83.18\ \text{pF}$。

4. RLC 串联电路品质因数

电容电压或电感电压与电源电压的比值为

$$Q = \frac{U_C}{U} = \frac{U_L}{U} = \frac{1}{\omega_0 CR} = \frac{\omega_0 L}{R} = \frac{1}{R}\sqrt{\frac{L}{C}} \tag{7-18}$$

式中，Q 称为电路的品质因数，简称 Q 值。

如果当一个 RLC 串联电路的品质因数 $Q = 100$ 时，电源电压 $U = 5\ \text{V}$，那么谐振时电容或电感的电压将达到 $U_C = U_L = Q_U = 100 \times 5 = 500\ \text{V}$，远远高于电源电压。

二、并联谐振电路

1. RLC 并联电路

RLC 并联电路如图 7-29 所示，在电容和电感（含线圈阻抗）组成的并联电路中，根据基尔霍夫电流定律，可以对图 7-29 电路列出方程为

$$i = i_L + i_C$$

用相量表示为

$$\dot{I} = \dot{I}_L + \dot{I}_C$$

$$\dot{I} = \frac{\dot{U}}{R + jX_L} + \frac{\dot{U}}{jX_C}$$

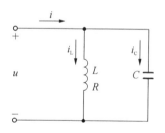

图 7-29 RLC 并联电路

式中，电阻为 R；感抗为 $X_L = \omega L$；容抗为 $X_C = \dfrac{1}{\omega C}$。则有

$$Z = \frac{1}{\dfrac{1}{R+jX_L} + \dfrac{1}{jX_C}} = \frac{1}{\dfrac{1}{R+j\omega L} + \dfrac{1}{j\dfrac{1}{\omega C}}} = \frac{1}{\dfrac{1}{R+j\omega L} - j\omega C} = \frac{(R+j\omega L)\left(-j\dfrac{1}{\omega C}\right)}{R + j\left(\omega L - \dfrac{1}{\omega C}\right)}$$

Z 称为 RLC 并联电路的阻抗，$|Z|$ 称为阻抗模。

2. RLC 并联谐振电路

谐振时,ωL 远远大于 R,R 为线圈阻抗,因此有

$$Z = \frac{\dfrac{L}{C}}{R + j\left(\omega L - \dfrac{1}{\omega C}\right)}$$

谐振时,感抗等于容抗,即

$$X_L = X_C$$

或

$$\omega L = \frac{1}{\omega C}$$

角频率 $\omega = 2\pi f$,即

$$2\pi f L = \frac{1}{2\pi f C}$$

则谐振时阻抗为

$$Z_0 = \frac{L}{RC}$$

得到 RLC 并联电路的并联谐振频率为

$$f = f_0 = \frac{1}{2\pi \sqrt{LC}} \qquad (7-19)$$

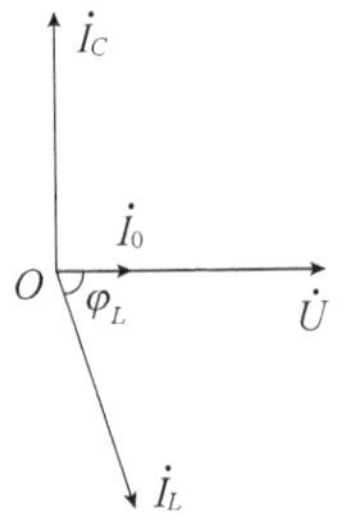

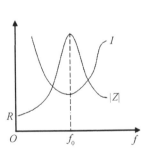

图 7-30 并联谐振相量图

式中,f_0 称为 RLC 并联电路的谐振频率,它是由 RLC 并联电路自身的元件参数决定的;f 为电源的频率,当 $f=f_0$ 时,并联谐振即刻发生。图 7-30 为并联谐振相量图,$\dot{I}_0$ 为谐振时的总电流。

3. RLC 并联谐振电路分析

（1）当并联谐振时,电路的阻抗模为 $|Z_0| = \dfrac{L}{RC}$,$|Z_0|$ 达到阻抗模的峰值,同时总电流降到最小值 I_0,$I_0 = \dfrac{U}{|Z_0|}$。

阻抗模与频率 $|Z|-f$ 曲线和总电流与频率 $I-f$ 曲线如图 7-31 所示。从图 7-31 的 $I-f$ 曲线可知,当谐振时,总电流降到最小值,而电容支路和电感支路的电流比总电流要大许多倍,因此要注意电路中元件的额定功率是否在安全范围内。

（2）电容和电感（含线圈阻抗）并联,当低频时,容抗高,感抗低,并联后,阻抗还是低;当高频时,容抗低,感抗高,并联后,阻抗也还是低。因此,在中频段的某个频率（即谐振频率）上,阻抗达到最大值,如图 7-31 的 $z-f$ 曲线所示。

图 7-31 $|Z|-f$ 曲线和 $I-f$ 曲线

（3）当并联谐振时,电路呈现电阻性,因此电源与电路没有能量交换,能量交换在电容与电感之间进行。

（4）当并联谐振时,RLC 并联电路呈现电阻性,电源电压与总电流同相位,阻抗的辐角 $\varphi_0 = 0$,谐振时的阻抗模相当于一个电阻。

（5）当并联谐振时,电感的 ωL 远远大于电阻的 R,因此图 7-30 中的 φ_L 接近于 90°。

4. RLC 并联电路品质因数

电容电流或电感电流与电源的总电流的比值为

$$Q = \frac{I_C}{I_0} = \frac{I_L}{I_0} = \frac{1}{\omega_0 CR} = \frac{\omega_0 L}{R} \tag{7-20}$$

式中,Q 称为电路的品质因数,简称 Q 值。

当谐振时,电容支路和电感支路的电流比总电流要大 Q 倍。

如果当一个 RLC 并联电路的品质因数 $Q = 100$,总电流 $I_0 = 50$ mA,谐振时,那么电容支路或电感支路的电流将达到 $I_C = I_L = QI_0 = 100 \times 50 = 5(\text{A})$,远远高于总电流。

第五节　RLC 电路的频率响应

在电子电路中,通常通过电压或电流来完成电能的传输或信号的传递,这种能够产生电能或信号的发生器称为电源。电路中的各种电量,如电压、电流等,都是在电源的作用下产生的,因此电源称为激励源或激励,有了激励,电路就会产生反应,如电压、电流的变化,这种反应称为电路的响应。

激励来自电路的外部,因此可以把激励称为输入,而响应存在于电路内部,可以向电路外部提供,因此可以把响应称为输出。

电路中存在电容和电感,当激励的频率变化时,电路中的容抗和感抗发生变化,从而使电路的工作状态也随之变化。当频率变化超出一定的范围,电路的工作状态将会出现异常,因此有必要讨论一下频率对电路的影响,或者讨论一下电路对频率的响应,即电路的频率响应。

在正弦稳态电路的分析中,频率响应是一个重要概念,有了外部正弦电源的激励,电路就会做出响应,可以从不同的角度来讨论和分析电路的激励与响应。

当把正弦电源的频率作为常量、幅值作为变量时,幅值变化就是激励,电路的工作状态就会对幅值的变化做出响应。

当把正弦电源的幅值作为常量、频率作为变量时,频率变化就是激励,电路的工作状态就会对频率的变化做出响应。

频率响应定义为电路的工作状态随频率变化而改变的现象,又称为频率特性。

一、网络函数

在正弦稳态电路中,当只有一个独立激励源时,响应相量 $\dot{Y}$ 与激励相量 $\dot{X}$ 之比,称为网络函数或传递函数,记为 $\dot{H}$,即

$$\dot{H}(j\omega) = \frac{\dot{Y}(j\omega)}{\dot{X}(j\omega)} \qquad (7-21)$$

式(7-21)表明,电路在一个正弦稳态激励下,电路中各个部分的响应都是频率相同的正弦量。式(7-21)定义的网络函数描述了正弦稳态下响应与激励之间的关系。

1. 网络函数的形式

可以把网络函数看作从电路的输入端口 m 输入变量 ω,而在输出端口 n 观察频率 ω 的响应,

当 $m=n$ 时,称 $\dot{H}(j\omega)$ 为驱动点网络函数,简称驱动点函数。

（1）当响应为电流,激励为电压时,称 $\dot{H}(j\omega)$ 为驱动点导纳,简称导纳。

（2）当响应为电压,激励为电流时,称 $\dot{H}(j\omega)$ 为驱动点阻抗,简称阻抗。

当 $m \neq n$ 时,称 $\dot{H}(j\omega)$ 为转移网络函数,简称转移函数。

（1）当响应为电流,激励为电压时,称 $\dot{H}(j\omega)$ 为转移导纳。

（2）当响应为电压,激励为电流时,称 $\dot{H}(j\omega)$ 为转移阻抗。

（3）当响应为电流,激励为电流时,称 $\dot{H}(j\omega)$ 为转移电流比。

（4）当响应为电压,激励为电压时,称 $\dot{H}(j\omega)$ 为转移电压比。

例 7-9 RLC 串联电路如图 7-24 所示,设激励为 $\dot{U}$,响应为 $\dot{I}$,求网络函数 $\dot{H}(j\omega) = \dfrac{\dot{I}(j\omega)}{\dot{U}(j\omega)}$

解: 列出 RLC 串联电路的方程为

$$\dot{U} = \left(R + j\omega L + \frac{1}{j\omega C} \right) \dot{I}$$

得网络函数为

$$\dot{H}(j\omega) = \frac{\dot{I}(j\omega)}{\dot{U}(j\omega)} = \frac{1}{R + j\omega L + \dfrac{1}{j\omega C}} = \frac{1}{R + j\left(\omega L - \dfrac{1}{\omega C} \right)}$$

2. 网络函数的性质

网络函数是一个复数,即

$$\dot{H}(j\omega) = | H(j\omega) | \angle \vartheta(j\omega) \qquad (7-22)$$

网络函数 $\dot{H}(j\omega)$ 的频率特性分为模和辐角两个部分。

网络函数 $\dot{H}(j\omega)$ 的模 $| H(j\omega) |$ 是两个同频率正弦量的有效值或幅值之比,模与频率的关系称为网络函数的幅频特性,幅频特性是网络函数的振幅随频率变化的特性。

网络函数 $\dot{H}(j\omega)$ 的辐角 $\vartheta(j\omega)$ 是两个同频率正弦量的相位差,辐角与频率的关系称为网络函数的相频特性,相频特性是网络函数的相位随频率变化的特性。

3. 频率特性曲线

频率特性分为幅频特性和相频特性两个部分,因此当作图用曲线表示频率特性时,曲线也分为两个部分,分别称为幅频特性曲线（也称为幅频响应曲线）和相频特性曲线（也

称为相频响应曲线)。

二、RLC 串联电路的频率响应曲线

1. 电压比网络函数

一个正弦稳态激励下的 RLC 串联电路,如图 7-24 所示,如果电源的电压 $\dot{U}_\text{S}$ 为激励,R、L、C 的端电压为响应,那么它们各自的电压比网络函数分别为

$$\dot{H}_R(j\omega) = \frac{\dot{U}_R(j\omega)}{\dot{U}_\text{S}(j\omega)}$$

$$\dot{H}_L(j\omega) = \frac{\dot{U}_L(j\omega)}{\dot{U}_\text{S}(j\omega)}$$

$$\dot{H}_C(j\omega) = \frac{\dot{U}_C(j\omega)}{\dot{U}_\text{S}(j\omega)}$$

2. 频率特性曲线

如果在一个特性曲线上绘制两个不同参数的 RLC 串联电路,它们有不同的谐振频率,当以角频率 ω 为横坐标时,它们的谐振点在特性曲线上处于不同的位置,因此给两个不同参数的 RLC 串联电路的相互比较带来不便。

解决办法是以谐振频率比 η 作为横坐标,$\eta = \dfrac{\omega}{\omega_0}$,这样当绘制两个不同参数的 RLC 串联电路时,它们的谐振点在特性曲线的横坐标上处于相同的位置,即 $\dfrac{\omega}{\omega_0} = 1$ 的位置。

以 $\dot{H}_R(j\omega) = \dfrac{\dot{U}_R(j\omega)}{\dot{U}_\text{S}(j\omega)}$ 为纵坐标,在谐振时,电阻上的端电压为 $\dot{U}_R(j\omega_0)$,并且获得全部的输入电压,即

$$\dot{U}_R(j\omega_0) = \dot{U}_\text{S}(j\omega_0)$$

对两个不同参数的 RLC 串联电路,它们的谐振点在特性曲线的纵坐标上处于相同的位置,即

$$H_R(j\omega_0) = 1$$

对于一个正弦稳态激励下的 RLC 串联电路,如图 7-24 所示,当以电源电压 $\dot{U}_\text{S}$ 为激励,电阻电压 $\dot{U}_R$ 为响应时,它的网络函数为

$$\dot{H}_R(j\omega) = \frac{\dot{U}_R(j\omega)}{\dot{U}_\text{S}(j\omega)} = \frac{R}{R + j\omega L + \dfrac{1}{j\omega C}} = \frac{R}{R + j\left(\omega L - \dfrac{1}{\omega C}\right)}$$

谐振频率比 $\eta = \dfrac{\omega}{\omega_0}$,品质因数 $Q = \dfrac{\omega_0 L}{R}$,谐振角频率 $\omega_0 = \dfrac{1}{\sqrt{LC}}$,则

$$\dot{H}_R(j\eta) = \cfrac{1}{1 + jQ\left(\eta - \cfrac{1}{\eta}\right)}$$

幅频特性为

$$|H_R(j\eta)| = \cfrac{1}{\sqrt{1 + \left[Q\left(\eta - \cfrac{1}{\eta}\right)\right]^2}} \tag{7-23}$$

相频特性为

$$\varphi(j\eta) = -\arctan\left[Q\left(\eta - \cfrac{1}{\eta}\right)\right] \tag{7-24}$$

例 7-10 设有两个 *RLC* 串联电路,品质因数分别为 Q_1 和 Q_2,且 $Q_1 \gg Q_2$,当以电源电压 $\dot{U}_S$ 为激励,电阻电压 $\dot{U}_R$ 为响应时,图 7-32 和图 7-33 分别是它们网络函数的幅频特性曲线和相频特性曲线,试分析曲线的相同点和不同点。

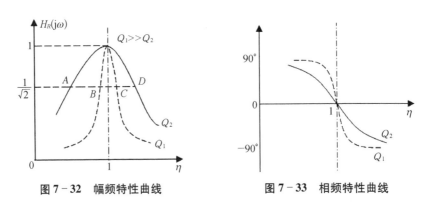

图 7-32 幅频特性曲线   图 7-33 相频特性曲线

解:分析如下:

(1) 它们在坐标(1,1)点达到峰值,在(1,1)点的附近都有较大的幅值,表明电路对谐振频率有选择性,Q_1 的选择性强于 Q_2。

(2) 离开(1,1)点,幅值都从峰值开始下降,表明电路对非谐振频率有抑制力,抑制力取决于 $Q\left(\eta - \dfrac{1}{\eta}\right)$,其中 $\eta \neq 0$。$Q_1 \gg Q_2$,因此曲线 Q_1 比曲线 Q_2 要远远陡峭,Q_1 的抑制力强于 Q_2。

(3) 工程上定义峰值的 $\dfrac{1}{\sqrt{2}}$ 的频率范围作为谐振电路的通频带,简称通带,它所限定的频域范围称为带宽,记为 BW,$\mathrm{BW} = \dfrac{\omega_0}{Q}$,可见 Q 越大,BW 越窄,电路的选择性越好,抑非能力越强(非谐振频率的信号)。

Q_1 曲线的带宽在 B、C 两个交点之间,B 点对应的频率称为 Q_1 曲线的下限截止频率,C 点对应的频率称为 Q_1 曲线的上限截止频率。同样,Q_2 曲线的带宽在 A、D 两个交点之间，A 点对应的频率称为 Q_2 曲线的下限截止频率，D 点对应的频率称为 Q_2 曲线的上限截止频率。

（4）在工程上，带宽处的频率点 A、B、C、D，常称为 3 dB 点（增益下降 3 dB）或半功率点（此时电阻上的功耗为谐振时的一半）。带宽处的频率点 A、B 的相位移为 $+45°$，C、D 的相位移为 $-45°$。

第六节　滤波器简介

滤波器在电子技术这门课程会有详细的分析和讨论，这里仅进行一般的科普性介绍。滤波器的"滤"是指过滤，但确切地说是衰减或抑制；"波"在电子技术领域是指各种电物理量，或称为电信号，是随时间或频率等电参数变化的过程。

如果电信号是在时间上连续取值的，那么称为模拟信号，为了便于使用计算机对信号进行处理，在满足采样定理的条件下，可以把模拟信号变换为时间上非连续取值的离散信号，也称为数字信号。

一、滤波器的主要分类

1. 按滤波频率分类

滤波器按滤波频率分为低通滤波器、高通滤波器、带通滤波器和带阻滤波器四种。

低通滤波器允许信号中的低频或直流分量通过，抑制高频分量。

高通滤波器允许信号中的高频分量通过，抑制低频或直流分量。

带通滤波器允许一定频段的信号通过，抑制低于或高于该频段的信号。

带阻滤波器抑制一定频段内的信号，允许该频段以外的信号通过。

2. 按采用元件分类

滤波器按采用元件分为无源滤波器和有源滤波器两种。

无源滤波器仅由无源元件（电阻、电容和电感等）组成的滤波器，无源滤波器利用电容和电感元件的电抗随频率的变化增大或减小的原理构成的，例如，当频率减小时，感抗减小，而容抗增大；当频率增大时，感抗增大，而容抗减小。无源滤波器的优点是电路简单，无须电源供电；无源滤波器的缺点是通带内的信号有损耗。

有源滤波器由无源元件和有源器件（运算放大器等）组成。有源滤波器的优点是通带内的信号不仅无损耗，还可以按要求得到放大，利用级联方法可以构成高阶滤波器；有源滤波器的缺点是带宽变窄，同时需要电源供电。

3. 按处理信号分类

滤波器按处理信号分为模拟滤波器和数字滤波器两种。

无源滤波器和有源滤波器一般都是指模拟滤波器，模拟滤波器的输入信号通常含有各种噪声和干扰，它们一般来自传感器、外界干扰和电源噪声等。

数字滤波主要是为了更好地消除干扰而发展起来的；数字滤波器一般采用两种方法，第一种方法是用硬件即数字电路的器件（硬件）来实现；第二种方法是利用计算机的软件来实现，数字滤波已经是一门有良好发展前景的前沿技术。

4. 按滤波功能分类

滤波器按滤波功能分为普通滤波器和特殊滤波器两种。

普通滤波器是使用无源元件和有源器件构成的滤波器;特殊滤波器能够满足一定的频响特性、相移特性方面有特殊要求的滤波器,如线性相位滤波器、声表面波滤波器等。

线性相位滤波器是移动相位与频率成比例的一种滤波器,在电视、网络、数字通信和雷达系统中,输出信号要求满足无相位失真条件。线性相位滤波器按照与频率成正比地对频率分量做时移,从而保证了通过该滤波器的各频率成分的延迟一致,保证了信号相位的不失真。

声表面波滤波器对信号经过电—声和声—电的两次转换,能实现多种复杂的功能。声表面波滤波器能够满足现代通信系统设备对器件的轻薄短小化、高频化、数字化和高可靠性等方面的要求,因此在一些特殊要求的电子设备中得到了广泛应用。

二、滤波器的主要参数

(1) 截止频率:当输入信号的幅度不变,改变输入信号的频率使输出信号降至最大值的 0.707 时,或频率特性的-3 dB 处,对应的频率为截止频率。截止频率是用来表述频率特性指标的一个特殊频率。低通滤波器的截止频率就是通带的上限频率,高通滤波器的截止频率就是通带的下限频率。

(2) 通带与带宽:在某一频率范围内,对信号的衰耗很小或为零,这个频率范围为滤波器的通带;带宽是指该频率范围的最高频率与最低频率之差。

(3) 纹波幅度:通带内滤波电路的幅频特性可能呈现变化,它的波动幅度与幅频特性的平均值之差,应越小越好,一般应远小于-3 dB。

第七节　应用实例:心电仪器 RC 电路

心电仪器主要指心电图机和心电监护仪。

心电图机能将心脏活动时心肌激动产生的生物电信号,即心电信号,自动记录下来,为临床诊断和科学研究提供帮助的医疗电子仪器。

心电监护仪是医院常用的病情监护仪器,能实时监护病人的动态心电信号,它具有对心电信号的采集、存储、预警和智能分析等功能。

这些心电仪器的设计除了要求仪器在测量过程中不允许影响病人正常的生理过程以及确保测量得到的生理信号尽可能失真小,还需要将心电信号与干扰信号和噪声信号分离,这主要依赖心电仪器的 RC 电路,即 RC 滤波电路来实现。

人体心脏在搏动之前,心肌首先发生兴奋,在兴奋过程中产生微弱的电流,电流经人体组织向各部分传导,身体各部分的组织不同,各部分与心脏间的距离不同,因此在人体体表各部位,表现出不同的电位变化,这些电位变化可通过电极采样到心电仪器记录下来,形成动态曲线,这就是心电图(ECG)。

一、心电信号的特点

（1）微弱性：从人体体表拾取的心电信号一般只有 0.05~5 mV；

（2）不稳定性：由于呼吸等因素，人体电信号始终处于动态变化之中；

（3）低频特性：人体心电信号的频谱范围主要在 0.05~100 Hz，属于低频范畴；

（4）随机性：人体心电信号是反映人体机能的信号，易受外界影响而变化，从而使心电信号表现出随机性。

二、心电信号的常见噪声

（1）基线漂移干扰：它一般是人的呼吸、电极移动，属于低频干扰。

在 ECG 信号中，$S-T$ 段在正常时心室处于除极状态，不会有电位差，而与基线齐平；如果 $S-T$ 段偏离达到一定范围，那么表明有可能发生心肌损伤或缺血等。$S-T$ 段的频带（0.7~2.0 Hz）与基线漂移（0.05~1.5 Hz）有部分重叠，因此基线漂移对 $S-T$ 段的正确检查有很大的影响。

（2）工频干扰：电网无所不在，因此 50 Hz 的工频干扰是不可避免的，也是心电信号的主要干扰源，它的强度足以淹没有用的心电信号。

（3）高频电磁场干扰：无线电电视广播、通信设备等使电磁波无处不在，这些高频电磁干扰常常通过心电仪器的测量电极引入，最终影响测量结果的可靠性。

其他还有电极极化干扰、肌电干扰和仪器噪声等。

三、RC 滤波电路在心电仪器上应用

在心电仪器上应用之一是 RC 滤波电路。

心电信号微弱，通过专用电极从人体采集到的心电信号只有 0.05~5 mV，因此需要进行信号处理，经过前置放大器初步放大，经高通滤波滤除心电信号中的直流信号干扰及低频基线漂移干扰后，再经滤波器进一步滤除 50 Hz 的工频干扰，人体心电信号的频谱范围主要在 0.05~100 Hz，因此还需要经低通滤波器，才能得到符合要求的心电信号，供后置电路使用。

后置电路主要完成对模拟输入信号的数字化转换，然后对心电信号进行储存和实时显示，给医护工作者的诊断提供及时而准确的信息，这一切都在微计算机的控制和处理下有条不紊地完成。

本 章 小 结

一、知识概要

本章讲述互感电路、变压器和 RLC 电路的基本概念及其工作原理。

互感电路的主要内容有耦合电感的互感电动势、互感系数和互感电路的分析方法；变

压器的主要内容有变压器的工作原理、结构、分类和主要参数,理想变压器模型和实际变压器与理想变压器的相同与不同之处;*RLC* 电路的主要内容有 *RLC* 串联电路和并联电路的谐振与频率响应,以及频率响应曲线的绘制等。

二、知识重点

耦合电感同名端的判断,理想变压器的电压变换、电流变换和阻抗变换,以及 *RLC* 串联电路和并联电路的谐振条件、谐振频率的计算、品质因数的意义及其对频率选择的影响。

三、思维导图

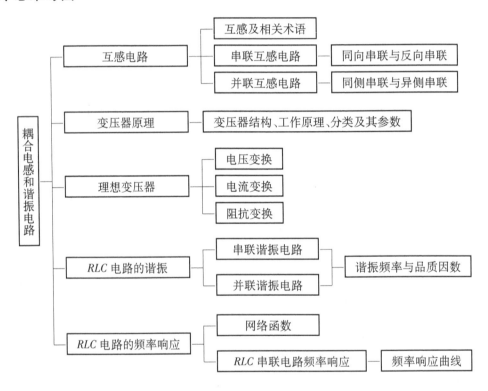

习　　题

7-1　试标出题 7-1 图所示耦合线圈的同名端。

7-2　在题 7-2 图中:

(1) $L_1 = 8\ \text{H}$, $L_2 = 2\ \text{H}$, $M = 2\ \text{H}$;

(2) $L_1 = 8\ \text{H}$, $L_2 = 2\ \text{H}$, $M = 4\ \text{H}$;

(3) $L_1 = L_2 = M = 4\ \text{H}$。

求以上三种情况从 1-2 端子看到的等效电感。

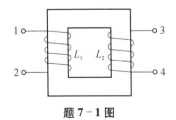

题 7-1 图

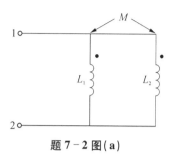

题 7-2 图(a)

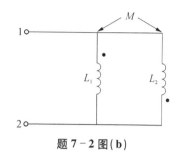

题 7-2 图(b)

7-3 两个线圈串联后,接到单相电源(220 V,50 Hz)上,同向串联的电流为 2.7 A,吸收功率为 218.7 W;反向串联的电流为 7 A。求互感系数 M。

7-4 两个磁耦合线圈串联接到 50 Hz、220 V 的正弦交流电源,两个线圈的阻抗为 30 Ω,第一种连接电流为 2 A,第二种连接电流为 6 A。试分析哪一种为同向串联? 哪一种为反向串联? 并求出互感 M。

7-5 在题 7-5 图中,L_1、L_2 两个磁耦合线圈反向串联,线圈 L_1、L_2 的参数 $R_1 = 100\ \Omega$, $L_1 = 3\ H$, $L_2 = 10\ H$,正弦电源的电压有效值 $\dot{U} = 220\ V$,线圈电流 $\dot{I} = 0.228\angle-78°\ A$, $\omega = 314\ rad/s$。求电阻 R_2、互感系数 M 和两个线圈的电压。

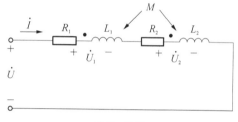

题 7-5 图

7-6 在题 7-6 图中,$\dot{U}_1 = 8\angle0°\ V$, $R = 1\ \Omega$, $\omega L_1 = 2\ \Omega$, $\omega L_2 = 32\ \Omega$,线圈的耦合因数 $k = 1$, $\dfrac{1}{\omega C} = 32\ \Omega$。求电流 $\dot{I}_1$ 和电压 $\dot{U}_2$。

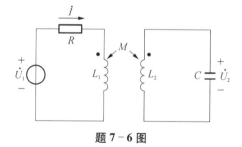

题 7-6 图

题 7-7 图

7-7 RLC 并联电路如题 7-7 图所示,其中 $R = 10\ k\Omega$, $L = 1\ mH$, $C = 0.1\ \mu F$。 求:

(1) 输入导纳与角频率的关系;

(2) 阻抗的频率特性;

(3) 写出谐振频率 f_0;

(4) 品质因数 Q;

(5) 通频带 BW。

7-8 RLC 串联电路如图 7-23 所示,其中 $R = 1\ \Omega$, $L = 0.01\ H$, $C = 1\ \mu F$。 求:

(1) 输入阻抗与频率的关系;

(2) 阻抗的角频率特性;

（3）写出谐振频率 f_0；

（4）品质因数 Q；

（5）通频带 BW。

7-9　题 7-9 图所示电路中，$R_1 = 2\ \Omega$，$R_2 = 1\ \Omega$，$R_3 = 1\ \Omega$，$C = 1\ \mathrm{F}$。试写出题 7-9 图所示电路的网络函数 $\dfrac{\dot{U}_2}{\dot{U}_1}$ 和 $\dfrac{\dot{I}_1}{\dot{U}_1}$。

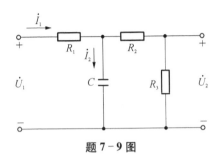

题 7-9 图

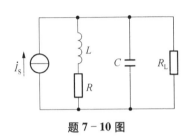

题 7-10 图

7-10　题 7-10 图所示电路中，$I_\mathrm{S} = 20\ \mathrm{mA}$，$L = 100\ \mathrm{\mu H}$，$C = 400\ \mathrm{pF}$，$R = 10\ \Omega$。求：负载 R_L 获得的最大功率及此时 R_L 值。

参 考 答 案

7-1　1-4 或 2-3

7-2　(a)（1）2 H　（2）0 H　（3）4 H　(b)（1）0.86 H　（2）0 H　（3）0 H

7-3　$M = 52.86\ \mathrm{mH}$

7-4　同向串联的感抗比反向串大，因此电流为 2 A 是同向串联，电流为 6 A 是反向串联；$M = 0.067\ \mathrm{H}$。

7-5　电阻 $R_2 = 100\ \Omega$；互感系数 $M = 5\ \mathrm{H}$；

　　　线圈电压 $\dot{U}_1 = 145\angle -159°\ \mathrm{V}$，$\dot{U}_2 = 359\angle 8.4°\ \mathrm{V}$

7-6　$\dot{I}_1 = 0\ \mathrm{A}$，$\dot{U}_2 = 32\angle 0°\ \mathrm{V}$，

7-7　(1) $Y(\mathrm{j}\omega) = 10^{-4}\left[1 + \mathrm{j}\left(10^{-3}\omega - \dfrac{10^7}{\omega}\right)\right]$

　　　(2) $\varphi_Y(\mathrm{j}\omega) = \arctan\left(10^{-3}\omega - \dfrac{10^7}{\omega}\right)$，$|Y(\mathrm{j}\omega)| = \dfrac{10^{-4}}{\cos[\varphi_Y(\mathrm{j}\omega)]}$

　　　(3) $\omega_0 = 10^5\ \mathrm{rad/s}$

　　　(4) $Q = 100$

　　　(5) $\mathrm{BW} = 1\,000\ \mathrm{rad/s}$

7-8　(1) $Z(\mathrm{j}\omega) = 1 + \mathrm{j}\left(0.01\omega - \dfrac{10^6}{\omega}\right)$

（2）$\varphi_Z(j\omega) = \arctan\left(0.01\omega - \dfrac{10^6}{\omega}\right)$, $\mid Z(j\omega) \mid = \dfrac{1}{\cos[\varphi_Z(j\omega)]}$

（3）$\omega_0 = 10^4$ rad/s

（4）$Q = 100$

（5）BW = 100 rad/s

7 - 9 $\dfrac{\dot{U}_2}{\dot{U}_1} = \dfrac{1}{4(1 + j\omega)}$；$\dfrac{\dot{I}_1}{\dot{U}_1} = \dfrac{1 + j2\omega}{4(1 + j\omega)}$

7 - 10 $R_L = 25$ kΩ；$P_{MAX} = 2.5$ W

第八章 三相电路

学习要点
 (1) 了解三相电源的产生和平衡三相电压的组成。
 (2) 熟悉三相电源的星形和△连接方式和三相电路的四种连接形式。
 (3) 掌握星形连接三相电源的相电压与线电压。
 (4) 掌握当三相电源与三相负载为 Y－Y 和 Y－△连接时,三相电路电压与电流的相值和线值的分析与计算。
 (5) 熟悉平衡三相电路功率的计算,了解平衡三相电路功率的测量。

第一节 平衡三相电压

三相电力系统是世界各国普遍采用的供电方式,三相电力系统的主要组成部分是三相电路,三相电路是由三相电源、三相传输线路和三相负载三部分组成。

三相电源是由三个相同频率、相等幅值和相位差为120°的正弦电压源组成的,因此也称为平衡三相电源,或对称三相电源,它提供的电压称为平衡三相电压。

三相电源是由三相发电机产生的,我国三相电源的频率为 50 Hz。

一、三相电源连接方式

三个正弦电压源的连接方式有两种,可以连接为星形(Y)结构,如图 8－1 所示,也可以连接为三角形(△)结构,如图 8－2 所示。

对于 Y 连接,A、B、C 称为相线(俗称火线),N 称为中线(俗称零线);对于△连接,只有相线,没有中线。

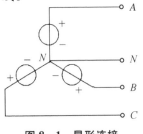

图 8－1 星形连接

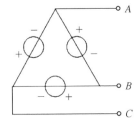

图 8－2 △连接

三相电源的三个电源依次为 A 相、B 相和 C 相,它们的电压瞬时表达式分别为

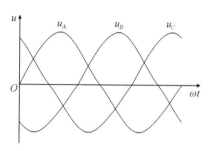

$$u_A = \sqrt{2}\, U\sin(\omega t)$$
$$u_B = \sqrt{2}\, U\sin(\omega t - 120°) \qquad (8-1)$$
$$u_C = \sqrt{2}\, U\sin(\omega t + 120°)$$

可以证明 $u = u_A + u_B + u_C = 0$,即三相电源的电压瞬时值之和等于零。

三相电源的各相波形图如图 8-3 所示,从波形图可知,任一时刻 u 的瞬时值为零。

图 8-3 三相电源波形图

三相电源各相的相量表达式分别为

$$\dot{U}_A = U\angle 0°$$
$$\dot{U}_B = U\angle - 120° \qquad (8-2)$$
$$\dot{U}_C = U\angle 120°$$

三相电源的相量图如图 8-4 所示,从相量图可知,三相电源的相量之和满足 $\dot{U} = \dot{U}_A + \dot{U}_B + \dot{U}_C = 0$。

三相电源出现正幅值的顺序称为相序,按相序 A、B、C 称为正序或顺序,否则为反序或逆序。

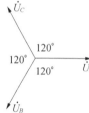

图 8-4 相量图

二、三相电路

三相电路是由三相电源、三相传输线路和三相负载三部分组成。

由 3 个阻抗组成的三相负载,可以接成星形或三角形结构,当这 3 个阻抗相等时,称为平衡三相负载,或对称三相负载。

当三相电源与三相负载连接组成三相电路时,按三相电源与三相负载的不同结构,有四种连接方式:Y-Y 连接、Y-△ 连接、△-Y 连接和△-△ 连接。

对于 Y-Y 连接,在电源与负载之间,除了 A、B、C 三个相线外,还有一根中线 N,这个连接方式称为三相四线制;其他三种连接方式都是三相三线制。

第二节 三 相 电 压 源

一、相电压与线电压

在图 8-1 中,每相的开始端与末尾端的电压,也就是相线与中线之间的电压,称为相电压,其有效值记为 U_A、U_B、U_C,或统称 U_P;任意两相的开始端之间的电压,也就是两相线之间的电压,称为线电压,其有效值记为 U_{AB}、U_{BC}、U_{CA},或统称 U_L。

二、电源为星形连接的相电压与线电压

当三相电源为星形连接时,它的相电压与线电压是不相等的,相电压的瞬时值如式

(8-1)所示,即

$$u_A = \sqrt{2}\,U\sin(\omega t)$$

$$u_B = \sqrt{2}\,U\sin(\omega t - 120°)$$

$$u_C = \sqrt{2}\,U\sin(\omega t + 120°)$$

线电压的瞬时值为

$$u_{AB} = u_A - u_B$$

$$u_{BC} = u_B - u_C \qquad\qquad (8-3)$$

$$u_{CA} = u_C - u_A$$

线电压的相量为

$$\dot{U}_{AB} = \dot{U}_A - \dot{U}_B$$

$$\dot{U}_{BC} = \dot{U}_B - \dot{U}_C \qquad\qquad (8-4)$$

$$\dot{U}_{CA} = \dot{U}_C - \dot{U}_A$$

当三相电源为星形连接时,它的相电压与线电压的相量图如图8-5所示。如作 $\dot{U}_{AB}$ 相量图时,首先画出相电压 $\dot{U}_A$,然后画出相电压 $-\dot{U}_B$,最后根据平行四边形法则,画出 $\dot{U}_{AB} = \dot{U}_A + (-\dot{U}_B)$。

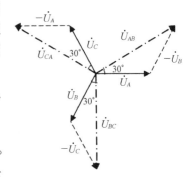

图8-5 星形连接三相电源的相电压与线电压相量图

由图8-5可知,线电压 $\dot{U}_{AB}$、$\dot{U}_{BC}$、$\dot{U}_{CA}$ 也是相同频率、相等幅值和互相之间相位差为120°的三相对称电压。

线电压在相位上比对应的相电压超前30°。

在直角三角形中,30°角的对边是斜边的一半,即30°角的对边与三角形的斜边的比是1:2,根据勾股定理,三角形另一条直角边与另两边的比值是$\sqrt{3}$:2:1,因此线电压与相电压在幅值上的关系为

$$U_L = \sqrt{3}\,U_P \qquad\qquad (8-5)$$

在星形连接的三相四线制中,三相电源可以向电力用户提供两种电压,分别是线电压(有效值)380 V($380\,\text{V} = \sqrt{3} \times 220\,\text{V}$)和相电压(有效值)220 V,相电压是我国的入户电压。

第三节　Y-Y 电路分析

一、三相四线制电路

三相四线制电路只能出现在三相电源与三相负载是 Y-Y 连接的电路中,如图8-6所示,三相电源每一相的相电压分别为 u_A、u_B、u_C,三相负载的每一相负载的阻抗模

分别为 $|Z_A|$、$|Z_B|$、$|Z_C|$，三相电源与三相负载之间的电流的参考方向已在图 8-6 中标出。

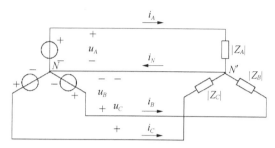

图 8-6 三相四线制电路

二、相电流与线电流

三相电路中的电流有相电流和线电流之分，每一相线中的电流称为线电流 I_L，每一相负载中的电流称为相电流 I_P，在 Y-Y 连接的三相电路中，线电流就是相电流，即

$$I_L = I_P \tag{8-6}$$

三相电源的各相量表达式如式(8-2)所示，即

$$\dot{U}_A = U\angle 0°$$

$$\dot{U}_B = U\angle -120°$$

$$\dot{U}_C = U\angle 120°$$

对于三相电路，每一相的电流应分别计算。

1. 负载不对称时的负载电流

在图 8-6 所示电路中，三相电源的相电压就是负载的相电压，因此每一相的负载电流可以分别计算，即

$$\dot{I}_A = \frac{\dot{U}_A}{Z_A} = \frac{U_A\angle 0°}{|Z_A|\angle\varphi_A} = I_A\angle -\varphi_A$$

$$\dot{I}_B = \frac{\dot{U}_B}{Z_B} = \frac{U_B\angle -120°}{|Z_B|\angle\varphi_B} = I_B\angle(-120°-\varphi_B) \tag{8-7}$$

$$\dot{I}_C = \frac{\dot{U}_C}{Z_C} = \frac{U_C\angle 120°}{|Z_C|\angle\varphi_C} = I_C\angle(120°-\varphi_B)$$

每一相负载中电流的有效值分别为

$$I_A = \frac{U_A}{|Z_A|},\ I_B = \frac{U_B}{|Z_B|},\ I_C = \frac{U_C}{|Z_C|} \tag{8-8}$$

每一相负载中电压与电流之间的相位差分别为

$$\varphi_A = \arctan \frac{X_A}{R_A}$$

$$\varphi_B = \arctan \frac{X_B}{R_B} \qquad (8-9)$$

$$\varphi_C = \arctan \frac{X_C}{R_C}$$

运用基尔霍夫电流定律,可以得出中线电流为

$$\dot{I}_N = \dot{I}_A + \dot{I}_B + \dot{I}_C \qquad (8-10)$$

例 8-1 在图 8-6 所示电路中,加在星形连接负载上的三相电源对称,其相电压有效值为 220 V,三相负载为电阻性负载,分别为 $R_A = 50\ \Omega$, $R_B = 100\ \Omega$, $R_C = 200\ \Omega$。求:

(1) 各相负载的相电压;

(2) 各相负载的相电流;

(3) 中线电流。

解:

(1) 对于三相四线制,电源相电压即为负载相电压,即

$$\dot{U}_A = U \angle 0°$$

$$\dot{U}_B = U \angle -120°$$

$$\dot{U}_C = U \angle 120°$$

(2) 负载为电阻性,因此负载的相电流与相电压同相位,各相电流为

$$\dot{I}_A = \frac{\dot{U}_A}{R_A} = \frac{U_A \angle 0°}{R_A} = 4.4 \angle 0° = 4.4(\cos 0° + \mathrm{j}\sin 0°) = 4.4(\mathrm{A})$$

$$\dot{I}_B = \frac{\dot{U}_B}{R_B} = \frac{U_B \angle -120°}{R_B} = 2.2 \angle -120°$$

$$= 2.2[\cos(-120°) + \mathrm{j}\sin(-120°)] = 2.2[-0.5 - \mathrm{j}0.86]$$

$$= -1.1 - \mathrm{j}1.89(\mathrm{A})$$

$$\dot{I}_C = \frac{\dot{U}_C}{R_C} = \frac{U_C \angle 120°}{R_C} = 1.1 \angle 120°$$

$$= 1.1[\cos(120°) + \mathrm{j}\sin(120°)] = 1.1[-0.5 + \mathrm{j}0.86]$$

$$= -0.55 + \mathrm{j}0.95(\mathrm{A})$$

(3) 负载不对称,因此中线电流不为零,中线电流为

$$\dot{I}_N = \dot{I}_A + \dot{I}_B + \dot{I}_C = 4.4 + (-1.1 - \mathrm{j}1.89) + (-0.55 + \mathrm{j}0.95)$$

$$= 2.75 + \mathrm{j}0.94$$

$$= \sqrt{2.75^2 + 0.94^2} \angle \arctan \frac{0.94}{2.75} = 2.91 \angle 18.8°(\mathrm{A})$$

2. 负载对称时的负载电流

若负载对称,则负载的各个阻抗相等,即

$$Z_A = Z_B = Z_C = Z \qquad\qquad (8-11)$$

Z_A、Z_B、Z_C 的阻抗模和相位角也相等,即

$$|Z_A| = |Z_B| = |Z_C| = |Z| \qquad\qquad (8-12)$$

$$\varphi_A = \varphi_B = \varphi_C = \varphi \qquad\qquad (8-13)$$

由于电压对称,所以负载电流也是对称的,即

$$I_A = I_B = I_C = I_P = \frac{U_P}{|Z|} \qquad (8-14)$$

因此中线电流为零,即

$$\dot{I}_N = \dot{I}_A + \dot{I}_B + \dot{I}_C = 0 \qquad (8-15)$$

电压与电流的相量图如图 8-7 所示。

既然中线电流为零,那么中线也就不需要了,这样三相四线制电路可以简化为三相三线制电路。三相电动机一般都是负载对称的,因此星形连接的三相三线制电路在工业生产方面得到了广泛的应用。

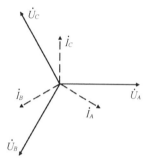

图 8-7 对称负载星形连接时电压与电流的相量图

例 8-2 在图 8-6 所示电路中,加在星形连接负载上的三相电源对称,其相电压有效值为 220 V,三相负载的阻抗分别为 $Z_A = Z_B = Z_C = Z = 10 + j10~\Omega$。求:

(1)各相负载的相电压;

(2)各相负载的相电流;

(3)中线电流。

解:(1)对于三相四线制,电源相电压即为负载相电压,即

$$\dot{U}_A = U \angle 0°$$

$$\dot{U}_B = U \angle -120°$$

$$\dot{U}_C = U \angle 120°$$

(2)三相负载对称,因此各相电流也对称,只需计算一相电流,即

$$Z = 10 + j10 = 14.14 \angle 45°$$

$$\dot{I}_A = \frac{\dot{U}_A}{Z} = \frac{U_A \angle 0°}{Z} = \frac{220 \angle 0°}{14.14 \angle 45°} = 15.56 \angle -45°$$

$$= 15.56(\cos 45° + j\sin 45°)$$

$$= 15.56(0.707 - j0.707) = 11 - j11 (A)$$

$$\dot{I}_B = 15.56 \angle -165° = 15.56 [\cos(-165°) + j\sin(-165°)]$$

$$= 15.56 [-0.966 - j0.258] = -15 - j4 (A)$$

$$\dot{I}_C = 15.56\angle 75° = 15.56[\cos 75° + j\sin 75°]$$
$$= 15.56\left[\ 0.258 - j0.966\right] = 4 + j15(A)$$

（3）中线电流为

$$\dot{I}_N = \dot{I}_A + \dot{I}_B + \dot{I}_C = (11 - j11) + (-15 - j4) + (4 + j15) = 0$$

第四节　Y－△电路分析

一、Y－△连接的三相电路

图8-8所示的电路是三相电源与三相负载为 Y－△ 连接的三相电路,电压与电流的参考方向如图8-8所示,每相负载的阻抗模分别为 $|Z_{AB}|$、$|Z_{BC}|$、$|Z_{CA}|$。

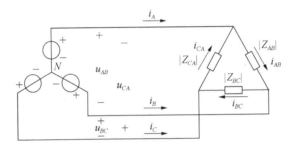

图8-8　三相电源与三相负载为 Y－△ 连接的三相电路

二、相电流与线电流

在 Y－△ 连接的三相电路中,每一相的负载直接与电源的线电压相连,因此负载的相电压等于电源的线电压,这样不论负载是否对称,负载的相电压总是对称的,即

$$U_{AB} = U_{BC} = U_{CA} = U_P = U_L \tag{8-16}$$

三相电路中的电流有相电流和线电流之分,每一相线中的电流称为线电流 I_L,每一相负载中的电流称为相电流 I_P,在 Y－△ 连接的三相电路中,相电流和线电流是不一样的。

1. 负载不对称时的负载电流

每一相负载的相电流的有效值分别为

$$I_{AB} = \frac{U_{AB}}{|Z_{AB}|}$$

$$I_{BC} = \frac{U_{BC}}{|Z_{BC}|} \tag{8-17}$$

$$I_{CA} = \frac{U_{CA}}{|Z_{CA}|}$$

每一相负载相电流的相量分别为

$$\dot{I}_{AB} = \frac{\dot{U}_{AB}}{R_{AB}}$$

$$\dot{I}_{BC} = \frac{\dot{U}_{BC}}{R_{BC}} \qquad (8-18)$$

$$\dot{I}_{CA} = \frac{\dot{U}_{CA}}{R_{CA}}$$

每一相负载中电压与电流之间的相位差分别为

$$\varphi_{AB} = \arctan \frac{X_{AB}}{R_{AB}}$$

$$\varphi_{BC} = \arctan \frac{X_{BC}}{R_{BC}} \qquad (8-19)$$

$$\varphi_{CA} = \arctan \frac{X_{CA}}{R_{CA}}$$

运用基尔霍夫电流定律,可以得出负载的线电流为

$$\dot{I}_A = \dot{I}_{AB} - \dot{I}_{CA}$$
$$\dot{I}_B = \dot{I}_{BC} - \dot{I}_{AB} \qquad (8-20)$$
$$\dot{I}_C = \dot{I}_{CA} - \dot{I}_{BC}$$

2. 负载对称时的负载电流

若负载对称,则负载的各个阻抗相等,即

$$Z_{AB} = Z_{BC} = Z_{CA} = Z \qquad (8-21)$$

Z_{AB}、Z_{BC}、Z_{CA} 的阻抗模和相位角也相等,即

$$|Z_{AB}| = |Z_{BC}| = |Z_{CA}| = |Z| \qquad (8-22)$$

$$\varphi_{AB} = \varphi_{BC} = \varphi_{CA} = \varphi \qquad (8-23)$$

则负载电流也是对称的,即

$$I_{AB} = I_{BC} = I_{CA} = I_P = \frac{U_P}{|Z|} \qquad (8-24)$$

$$\varphi_{AB} = \varphi_{BC} = \varphi_{CA} = \varphi = \arctan \frac{X}{R} \qquad (8-25)$$

根据负载对称时,线电流与相电流的关系,可以画出它们的相量,如图 8-9 所示。由图 8-8 可知,负载的线电流也是对称的,在相位上线电流比相电流滞后30°。

在数值上,线电流是相电流的$\sqrt{3}$倍,即

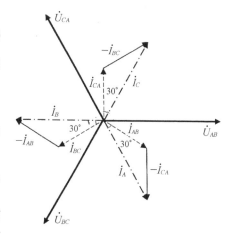

图 8-9 负载对称 Y-△ 连接的电压电流向量图

$$I_\mathrm{L} = \sqrt{3}\,I_\mathrm{P} \tag{8-26}$$

例 8-3　在图 8-8 所示电路中,加在△连接负载上的三相电源对称,其相电压有效值为 220 V,三相负载的阻抗分别为 $Z_A = Z_B = Z_C = Z = 100 + j100\ \Omega$。求:

(1) 各相负载的相电压;

(2) 各相负载的相电流;

(3) 各相负载的线电流。

解:(1) 对于△连接负载,负载的相电压等于电源的线电压,这样不论负载是否对称,负载的相电压总是对称的,如图 8-5 所示,即

$$U_{AB} = U_{BC} = U_{CA} = U_\mathrm{P} = U_\mathrm{L} = 380\ (\mathrm{V})$$

$$\dot{U}_{AB} = \dot{U}_A - \dot{U}_B = 380\angle 30°$$

$$\dot{U}_{BC} = \dot{U}_B - \dot{U}_C = 380\angle -90°$$

$$\dot{U}_{CA} = \dot{U}_C - \dot{U}_A = 380\angle 150°$$

(2) 三相负载对称,因此各相电流也对称,只需计算一相电流,即

$$Z = 100 + j100 = 141.4\angle 45°\ (\Omega)$$

$$\dot{I}_{AB} = \frac{\dot{U}_{AB}}{Z_{AB}} = \frac{380\angle 30°}{141.4\angle 45°} = 2.7\angle -15°\ (\mathrm{A})$$

$$\dot{I}_{BC} = \frac{\dot{U}_{BC}}{Z_{BC}} = 2.7\angle -135°\ (\mathrm{A})$$

$$\dot{I}_{CA} = \frac{\dot{U}_{CA}}{Z_{CA}} = 2.7\angle 105°\ (\mathrm{A})$$

(3) 由图 8-9 可知对称三角形负载的相电流与线电流的关系,即

$$\dot{I}_A = \dot{I}_{AB} \times \sqrt{3}\angle -30° = 4.66\angle -45°\ (\mathrm{A})$$

$$\dot{I}_B = \dot{I}_{BC} \times \sqrt{3}\angle -30° = 4.66\angle -165°\ (\mathrm{A})$$

$$\dot{I}_C = \dot{I}_{CA} \times \sqrt{3}\angle -30° = 4.66\angle 75°\ (\mathrm{A})$$

第五节　平衡三相电路功率的计算

一、一相电路的功率计算

不论是星形连接还是△连接,总的有功功率都是由每一相的有功功率组成的。

当对称负载是星形连接时

$$U_L = \sqrt{3}\, U_P$$

$$I_L = I_P$$

当对称负载是△连接时

$$U_L = U_P$$

$$I_L = \sqrt{3}\, I_P$$

因此,不论是星形连接还是△连接,每一相的有功功率为

$$P_P = U_P I_P \cos\varphi = \frac{1}{\sqrt{3}} U_L I_L \cos\varphi \qquad (8-27)$$

式中,φ 为相电压 U_P 与相电流 I_P 之间的相位差;$\cos\varphi$ 称为负载功率因数。有功功率等于一个周期内的瞬时功率的平均值,因此有功功率就是平均功率。

二、三相电路的功率计算

不论是星形连接还是△连接,总的有功功率必须等于每一相有功功率之和。

当负载对称时,每一相的有功功率是相等的,三相有功功率为

$$P = 3P_P = 3U_P I_P \cos\varphi = \sqrt{3}\, U_L I_L \cos\varphi \qquad (8-28)$$

可以证明,对称三相电路的瞬时功率是一个常数,它等于平均功率,这是对称三相电路的一个优点。当负载为三相电动机时,三相电动机可以得到均衡的电磁力矩,避免了机械振动。

三相无功功率为

$$Q = 3U_P I_P \sin\varphi = \sqrt{3}\, U_L I_L \sin\varphi \qquad (8-29)$$

三相电路中的三相负载吸收的总功率是一个复数,它的实部是三相有功功率,它的虚部是三相无功功率,它的模称为三相视在功率,即

$$S = 3U_P I_P = \sqrt{3}\, U_L I_L = \sqrt{P^2 + Q^2} \qquad (8-30)$$

例 8-4 星形连接对称负载的有功功率、线电压和线电流分别为 3 kW、380 V 和 6 A。求:

(1) 负载的功率因数;

(2) 每相阻抗。

解:

(1) 由式(8-28),得

$$P = \sqrt{3}\, U_L I_L \cos\varphi$$

功率因数为

$$\cos\varphi = \frac{P}{\sqrt{3}\, U_L I_L} = \frac{3\,000}{\sqrt{3} \times 380 \times 6} = 0.76$$

（2）相位差为

$$\varphi = \arccos\varphi = 40.56°$$

每相阻抗为

$$Z = |Z| \angle\varphi = \frac{U_P}{\sqrt{3}I_P} \angle\varphi = \frac{380}{\sqrt{3} \times 6} \angle 40.56° = 36.57 \angle 40.56° (\Omega)$$

第六节　三相电路平均功率的测量

一、三相四线制

1. 负载对称

当负载对称时,可以采用图 8-10 所示的方法测量功率,称为"一瓦计法"。

"一瓦计法"将三相电路的中点作为电压参考点,只需测量一相的功率,三相电路的平均功率为一相测量值的三倍,每个功率表测量的功率就是单相功率。因此,这也是单相电路功率的测量方法。

图 8-10 中,Ⓦ为功率表,功率等于电压与电流之积,因此功率表的接线端分为电流端和电压端。标有 * 的电流端必须接到电源的一端,另一电流端接到负载,因此电流端相当于串联接入电路;标有 * 的电压端可以接到电流端的 * 端或非 * 端,而另一电压端跨接到负载的另一端,因此电压端相当于并联接入电路。

图 8-10 中,电压端的 * 端接到电流表的 * 端,称为电压端前接,前接适用于当负载电流比较小时,反之,当负载电流比较大时,后接到电流端的非 * 端。

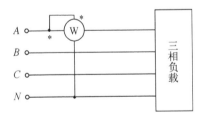

图 8-10　负载对称三相四线制
的功率测量

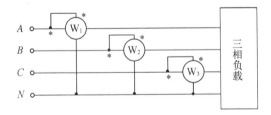

图 8-11　负载不对称三相四线制
的功率测量

2. 负载不对称

当负载不对称时,可以用三个功率表分别测量三相的功率,总功率为三个表的测量值之和,如图 8-11 所示,称为"三瓦计法"。

二、三相三线制

不论负载是否对称,都可以使用两个功率表的方法来测量三相电路的功率,这种方法称为"二瓦计法",如图 8－12 所示。

"二瓦计法"的测量依据是基尔霍夫电流定律,即图 8－12 中的 A、B、C 三相电流的相量之和为零。

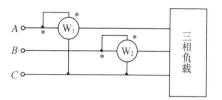

图 8－12　负载对称三相三线制的功率测量

三相电路的功率为 $\dot{P}$,功率表 W_1 的测量值为 $\dot{P}_1$,功率表 W_2 的测量值为 $\dot{P}_2$,则

$$\dot{P}_1 = \dot{U}_{AC} \times \dot{I}_A = (\dot{U}_A - \dot{U}_C) \times \dot{I}_A = \dot{U}_A \times \dot{I}_A - \dot{U}_C \times \dot{I}_A$$
$$\dot{P}_2 = \dot{U}_{BC} \times \dot{I}_B = (\dot{U}_B - \dot{U}_C) \times \dot{I}_B = \dot{U}_B \times \dot{I}_B - \dot{U}_C \times \dot{I}_B$$
$$\dot{P} = \dot{P}_1 + \dot{P}_2 = \dot{U}_A \times \dot{I}_A + \dot{U}_B \times \dot{I}_B - \dot{U}_C \times \dot{I}_A - \dot{U}_C \times \dot{I}_B$$
$$= \dot{U}_A \times \dot{I}_A + \dot{U}_B \times \dot{I}_B + \dot{U}_C(-\dot{I}_A - \dot{I}_B)$$

根据基尔霍夫电流定律,即

$$\dot{I}_A + \dot{I}_B + \dot{I}_C = 0, \dot{I}_C = -\dot{I}_A - \dot{I}_B$$

则

$$\dot{P} = \dot{U}_A \times \dot{I}_A + \dot{U}_B \times \dot{I}_B + \dot{U}_C \times \dot{I}_C = \dot{P}_A + \dot{P}_B + \dot{P}_C$$

因此,对于三相三线制,不论负载是否对称,都可以使用"二瓦计法"测量功率。图 8－12 中的两个功率表读数的代数和等于三相负载获得的总功率(平均功率)。任何一个单独功率表的读数是没有意义的。

例 8－5　星形对称负载三相电路的功率测量电路如图 8－12 所示,线电压为 380 V,功率表 W_1 的读数 $P_1 = 2\ kW$,功率表 W_2 的读数 $P_2 = 1\ kW$。求:

(1) 负载的功率因数 $\cos\varphi$;

(2) 线电流 I_A 和 I_B。

解:(1) 电路的相量图如图 8－13 所示,设

$$\dot{U}_A = U_A \angle 0°$$
$$\dot{I}_A = I_A \angle \varphi$$

U_{AC} 与 I_A 的相位差为 30°$-\varphi$,即

$$P_1 = U_{AC} I_A \cos(30° - \varphi)$$

U_{BC} 与 I_B 的相位差为 30°$+\varphi$,即

$$P_2 = U_{BC} I_B \cos(30° + \varphi)$$

负载对称,即

$$U_{AC} I_A = U_{BC} I_B$$

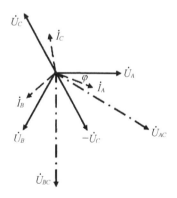

图 8－13　Y 形对称负载电压和电流相量图

则

$$\frac{P_1}{P_2} = \frac{\cos(30° - \varphi)}{\cos(30° + \varphi)}$$

$$\tan \varphi = \frac{\sqrt{3}(P_1 - P_2)}{P_1 + P_2} = \frac{(2 - 1) \times \sqrt{3}}{1 + 2} = 0.577$$

$$\varphi = 30°$$

（2）线电流 I_A 为

$$I_A = \frac{P_1}{U_{AC}\cos(30° - \varphi)} = \frac{2\,000}{380} = 5.26(\text{A})$$

线电流 I_B 为

$$I_B = \frac{P_2}{U_{BC}\cos(30° + \varphi)} = \frac{1\,000}{380 \times 0.5} = 5.26(\text{A})$$

第七节　应用实例：医院照明系统三相电路

　　医院三相电路的负载之一就是照明系统,而手术室的照明设计又是医院照明系统的重要子系统,因此手术室照明系统具有代表性。

　　为了保证手术室的照明光线稳定,手术室应避免室外光线的直射。手术室照明子系统分为手术台照明、一般照明、指示照明和紫外线消毒照明等。图 8 - 14 是三相电路在某医院手术室照明系统的应用。

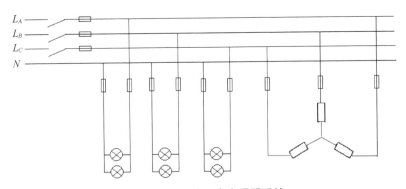

图 8 - 14　医院手术室照明系统

　　图 8 - 14 所示电路是三相四线制电路,设其线电压为 380 V,手术台照明子系统是它的负载。负载如何连接,一般应视其额定电压而定,通常电灯是单相负载,额定电压为 220 V,因此要接在相线与中线之间。手术室的照明分为手术台照明、一般照明、指示照明和紫外线消毒照明,不宜接在同一相线上,从总的线路来说,它们应当比较均匀地分别接在各相线上。因此可以把手术台照明接在 L_A 相线上;一般照明接在 L_B 相线上;指示照明和紫外线消毒照明接在 L_C 相线上。图 8 - 14 的三相负载是手术室的空调系统,由于手术室是环境要求严格的场所,所以使用三相电源的空调具有功率高、制冷效果好等优点,而且维护也比较简单。

本 章 小 结

一、知识概要

本章讲解了三相电源、平衡三相电压源、三相负载和三相电路的基本概念及其工作原理。本章主要内容是当三相电压源与三相负载的连接为 Y-Y 和 Y-△ 时,三相电路的组成及其电压与电流的相值和线值的分析与计算。本章探讨了两种连接方式下负载对称时的三相电路功率的计算方法,以及负载对称与不对称时的三相电路功率的测量方法。

二、知识重点

本章重点是理解三相电路的不同形式,掌握 Y-Y 连接和 Y-△ 连接三相电路的相电压、线电压、相电流和线电流之间的数值关系、相量关系和计算方法。

三、思维导图

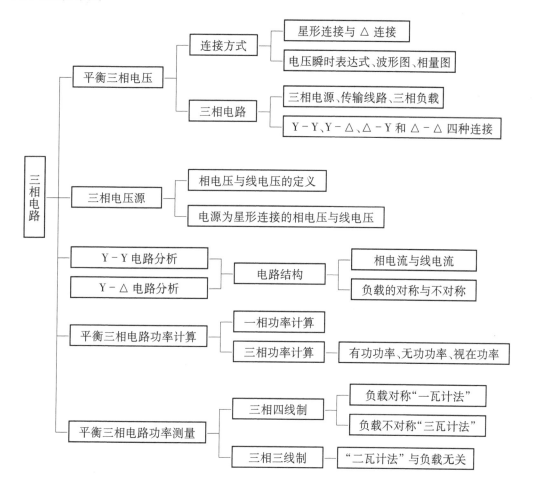

习　题

8-1　平衡三相电源的电压瞬时值之和等于零,即 $u = u_A + u_B + u_C = 0$,是指题 8-1 图中的哪一点? (1) A;(2) B;(3) C;(4) N。

8-2　三相电路中的对称三相负载是( )。

(1) $Z_A = Z_B = Z_C$;

(2) $|Z_A| = |Z_B| = |Z_C|$;

(3) $\varphi_A = \varphi_B = \varphi_C$。

8-3　在平衡三相电路中,不论是星形连接还是△连接,三相有功功率为 $P = 3P_P = 3U_P I_P \cos\varphi = \sqrt{3}\, U_L I_L \cos\varphi$,式中 φ 是( )。

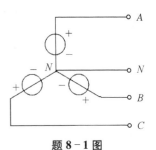

题 8-1 图

(1) φ 为线电压 U_P 与线电流 I_P 之间的相位差;

(2) φ 为线电压 U_P 与相电流 I_P 之间的相位差;

(3) φ 为相电压 U_P 与相电流 I_P 之间的相位差;

(4) φ 为相电压 U_P 与线电流 I_P 之间的相位差。

8-4　Y-Y 连接的三相四线制电路如题 8-4 图所示,电源线电压为 380 V,电阻性负载分别为 $R_A = 11\ \Omega$, $R_B = R_C = 22\ \Omega$。求负载的相电压、相电流和中线电流,并画出它们的相量图。

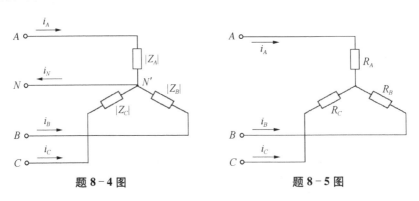

题 8-4 图　　　　　　　　　　　　题 8-5 图

8-5　Y-Y 连接的三相三线制电路如题 8-5 图所示,电源线电压为 380 V,电阻性负载分别为 $R_A = 11\ \Omega$, $R_B = R_C = 22\ \Omega$。求:

(1) 负载相电压,中线点电压;

(2) 当负载 A 相短路时,负载相电压和相电流;

(3) 当负载 C 相断路时,另外两相的相电压和相电流。

8-6　Y-Y 连接的三相四线制电路如题 8-6 图所示,电源线电压为 380 V,三个电阻性对称负载的功率均为 60 W;C 相接的电感性负载功率为 40 W,功率因数为 0.5。求三相电源的线电流和中线电流。

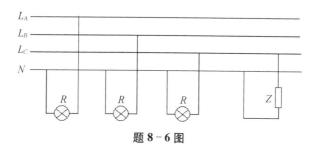

题 8-6 图

8-7 三相电源的线电压为 380 V,两组电阻性对称负载分别是三个阻值为 10 Ω 的星形连接和三个阻值为 38 Ω 的△连接,如题 8-7 图所示。求线电流 I。

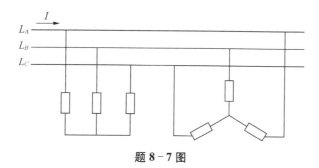

题 8-7 图

8-8 在 Y-Y 连接的三相四线制电路中,电源线电压为 380 V,三个负载 A、B、C 相分别为电阻、电容和电感,它们的阻抗模均为 10 Ω。求:
（1）负载是否对称;
（2）负载的各相电流,画出相量图并估算中线电流;
（3）三相负载平均功率。

8-9 △连接对称负载的三相电路如题 8-9 图所示,电源线电压为 380 V,线电流为 17.32 A,三相负载平均功率为 4.5 kW。求:
（1）每相负载的阻抗;
（2）负载 Z_{AB} 断开后的线电流和负载平均功率。

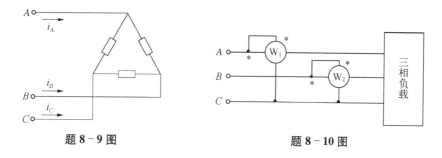

题 8-9 图   题 8-10 图

8-10 三相对称电路,应用"二瓦计法"对电路的测量如题 8-10 图所示,三相负载平均功率为 2.5 kW,感性负载的功率因数为 0.866,线电压为 380 V。求题 8-10 图中功率表 W_1 和 W_2 的测量值。

参 考 答 案

8 - 1 （4）N

8 - 2 （1）$Z_A = Z_B = Z_C$

8 - 3 （3）φ 为相电压 U_P 与相电流 I_P 之间的相位差

8 - 4 $\dot{U}_A = 220\angle 0° \text{ V}$；$\dot{I}_A = 20\angle 0° \text{ A}$，$\dot{I}_B = 10\angle -120° \text{ A}$，$\dot{I}_C = 10\angle 120° \text{ A}$，$\dot{I}_N = 10\angle 0° \text{ A}$；
图略

8 - 5 （1）$\dot{U}_{N'N} = 55\angle 0° \text{ V}$，$\dot{U}_{AN'} = 165\angle 0° \text{ V}$，$\dot{U}_{BN'} = 252\angle -131° \text{ V}$，$\dot{U}_{CN'} = 252\angle 131° \text{ V}$

（2）$\dot{U}_{AN'} = 0$，$\dot{U}_{BN'} = 380\angle -150° \text{ V}$，$\dot{U}_{CN'} = 380\angle 150° \text{ V}$
$\dot{I}_A = 30\angle 0° \text{ A}$，$\dot{I}_B = 17.3\angle -150° \text{ A}$，$\dot{I}_C = 17.3\angle 150° \text{ A}$

（3）$\dot{U}_{AN'} = 127\angle 30° \text{ V}$，$\dot{U}_{BN'} = 253\angle -150° \text{ V}$；$\dot{I}_A = -\dot{I}_B = 11.5\angle 30° \text{ A}$

8 - 6 $\dot{I}_A = 0.273\angle 0° \text{ A}$，$\dot{I}_B = 0.273\angle -120° \text{ A}$，$\dot{I}_C = 0.553\angle 85.3° \text{ A}$，$\dot{I}_N = 0.364\angle 60° \text{ A}$

8 - 7 $I = 39.3 \text{ A}$

8 - 8 （1）否　（2）$I_A = I_B = I_C = 22 \text{ A}$，$I_N = 60.06 \text{ A}$
（3）$P = 4\ 840 \text{ W}$

8 - 9 （1）$Z = 15 + j16.1 \ \Omega$
（2）$I_A = 0 \text{ A}$，$I_B = I_C = 15 \text{ A}$，$P = 2\ 250 \text{ W}$

8 - 10 $P_{W_1} = 1\ 666.68 \text{ W}$，$P_{W_2} = 833.34 \text{ W}$

第九章　动态电路的时域分析

学习要点

（1）掌握换路定律和初始值的计算。掌握一阶电路的零输入响应、零状态响应及全响应的分析方法。

（2）熟悉分析一阶电路的三要素法。

（3）了解 RLC 串联电路的零输入响应。

第一节　换路定律及初始条件

第五章介绍了电容元件和电感元件,这两种元件的电压和电流的约束关系是通过导数或积分表达的,因此称为动态元件,又称储能元件。当电路含有这样的元件时,称为动态电路。动态电路的一个典型特征是,当电路的结构或元件参数发生变化时(如电源或无源元件的断开或接入),通常会伴随着能量的改变。而能量的改变一般不能瞬间完成,因此电路从一个稳定状态转变到另一个稳定状态要经历一个过程,工程上称为过渡过程。过渡过程是一种暂态过程。

在电路的暂态分析中,由于动态元件的伏安特性是时间 t 的导数或积分关系,因此运用 KCL、KVL 根据电路线性元件列出的方程是以 t 为自变量的线性常微分方程。然后求解常微分方程,从而得到电路所求参数。此方法称为经典法,也称时域分析法。

用经典法求解电路的微分方程,必须根据初始条件确定方程的特解。因此,确定电路的初始条件是求解动态电路的首要步骤。

一、换路定律

在电路理论中,把电路结构的改变和参数的变化所引起的电路变化称为换路。含有储能元件的动态电路在换路时,能量发生变化,但是不能发生跃变,否则将使功率

$$p = \frac{\mathrm{d}W}{\mathrm{d}t}$$

达到无穷大,实际上这是不可能的。因此,电感元件中储有的磁能 $\frac{1}{2}Li_L^2$ 不能跃变,这反映

在电感元件中的电流 i_L 不能跃变;电容元件中储有的电能 $\frac{1}{2}Cu_C^2$ 不能跃变,这反映在电容元件上的 u_C 不能跃变。可见,在换路瞬间电容元件的电压不能跃变,电感元件的电流不能跃变,这一结论称为换路定律。

设换路发生在 $t = 0$ 时刻,将换路前的时刻记为 $t = 0_-$,换路后的最初时刻记为 $t = 0_+$,换路在 $0_- \sim 0_+$ 时间完成,则换路定律可表示为

$$\begin{cases} u_C(0_+) = u_C(0_-) \\ i_L(0_+) = i_L(0_-) \end{cases} \tag{9-1}$$

换路定律仅适用于换路瞬间,可根据它来确定 $t = 0_+$ 时刻电路中的电压和电流值,即过渡过程的初始值。当确定各个电压和电流的初始值时,先由 $t = 0_-$ 的电路求出 $i_L(0_-)$ 或 $u_C(0_-)$,然后根据换路定律 $t = 0_+$ 的电路求出 $i_L(0_+)$ 或 $u_C(0_+)$,最后求出其他电压和电流的初始值。

二、初始条件的计算

换路后最初瞬间,过渡过程的初始值组成求解微分方程的初始条件。

电容电压的初始值 $u_C(0_+)$ 和电感电流的初始值 $i_L(0_+)$ 可按式(9-1)确定,称为独立初始值。其他变量的初始值可由独立初始值求出,称为相关初始值。为了计算相关初始值,对较为复杂的电路可画出换路后最初瞬间 ($t = 0_+$) 的等效电路,然后求解。其方法是:在 $t = 0_+$ 瞬间,将电容元件用电压为 $u_C(0_+) = U_S$ 的电压源替代,若 $u_C(0_+) = 0$,则电容代之于短路;将电感元件用电流为 $i_L(0_+) = I_S$ 的电流源替代,若 $i_L(0_+) = 0$,则电感代之于开路,电路中独立电源则取其 0_+ 的值。由此得到 $t = 0_+$ 时刻的等效电路,它是电阻性电路。

例9-1 图9-1(a)所示电路中,直流电压源的电压 $U_S = 50$ V,$R_1 = R_2 = 5\ \Omega$,$R_3 = 20\ \Omega$,电路已达到稳态。在 $t = 0$ 时断开开关S。试求 i_L、u_C、u_2、u_3、i_C、u_L 的初始值。

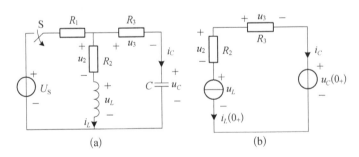

图9-1 例9-1电路

解:(1)确定独立初始值 $i_L(0_+)$ 及 $u_C(0_+)$。因为电路在换路前已达到直流稳态,所以在 $t = 0_-$ 时刻电感元件相当于短路,电容元件相当于开路,故有

$$i_L(0_-) = \frac{U_S}{R_1 + R_2} = \frac{50}{5 + 5} = 5(\text{A})$$

$$u_C(0_-) = R_2 i_L(0_-) = 5 \times 5 = 25(\text{V})$$

由换路定律可得

$$i_L(0_+) = i_L(0_-) = 5(\text{A})$$

$$u_C(0_+) = u_C(0_-) = 25(\text{V})$$

（2）计算 $t = 0_+$ 时刻的其他初始值。将图 9-1(a) 中的电容和电感分别用 25 V 电压源和 5 A 电流源代替，得到等效电路如图 9-1(b) 所示。由此得

$$u_2(0_+) = R_2 i_L(0_+) = 25(\text{V})$$

$$i_C(0_+) = -i_L(0_+) = -5(\text{A})$$

$$u_3(0_+) = R_3 i_C(0_+) = -100(\text{V})$$

$$u_L(0_+) = (R_2 + R_3)i_C(0_+) + u_C(0_+) = -100(\text{V})$$

由例 9-1 可以看出，确定初始条件的步骤为：

（1）根据换路前的电路，确定 $u_C(0_-)$、$i_L(0_-)$。

（2）根据换路定律确定 $i_L(0_+)$、$u_C(0_+)$。

（3）根据已求得的 $u_C(0_+)$、$i_L(0_+)$，画出 $t = 0_+$ 时刻的等效电路。

（4）根据等效电路求解其他的参数。

第二节　一阶电路的零输入响应

当动态电路中只含有一个储能元件时，电路可用一阶微分方程描述，这样的电路称为一阶电路。此电路中无外施激励电源，仅由储能元件初始储能所产生的响应，称为一阶电路的零输入响应。

一、RC 电路的零输入响应

首先讨论 RC 电路的零输入响应。设图 9-2(a) 所示电路中当开关 S 置于 1 的位置时电路处于稳态，电容 C 已充电到 U_S。若 $t = 0$ 时将开关 S 倒向 2 的位置，则电容 C 向电阻 R 放电，如图 9-2(b) 所示。开关倒向 2 的位置后，即 $t \geqslant 0_+$ 时，根据 KVL 可得

$$u_R = u_C$$

将 $u_R = Ri$，$i = -C\dfrac{\mathrm{d}u_C}{\mathrm{d}t}$ 代入上述方程，有

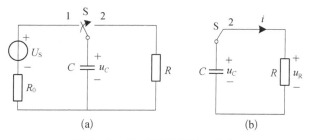

图 9-2　RC 电路的零输入响应

$$RC \frac{\mathrm{d}u_C}{\mathrm{d}t} + u_C = 0 \tag{9-2}$$

这就是描述图 9-2(b)所示 RC 电路的微分方程,解此微分方程即得响应 u_C。

式(9-2)是一阶齐次微分方程,设方程的通解为 $u_C = A\mathrm{e}^{pt}$,代入式(9-2)得特征方程为

$$RCp + 1 = 0$$

解得特征根为

$$p = -\frac{1}{RC}$$

所以 u_C 的通解为

$$u_C = A\mathrm{e}^{-\frac{t}{RC}} \tag{9-3}$$

根据 $u_C(0_+) = u_C(0_-) = U_s$,将此代入式(9-3),求得积分常数 $A = u_C(0_+) = U_s$。最后得到电容的零输入响应电压为

$$u_C = u_C(0_+)\mathrm{e}^{-\frac{t}{RC}} = U_s\mathrm{e}^{-\frac{t}{RC}} \tag{9-4}$$

这就是用经典法得到的电容电压的解。

电路中电流为

$$i = -C\frac{\mathrm{d}u_C}{\mathrm{d}t} = \frac{U_s}{R}\mathrm{e}^{-\frac{t}{RC}} \tag{9-5}$$

从式(9-4)和式(9-5)可以看出,电压 u_C 和电流 i 都按照相同的指数规律衰减。电压 u_C 从 U_s 开始衰减,电流 i 在 $t=0$ 瞬间,由零跃变到 $\frac{U_s}{R}$,再从此值开始衰减。最后电压和电流都衰减到零。

u_C 和 i 衰减的快慢取决于 RC 的大小,令

$$\tau = RC \text{(时间常数)}$$

则

$$u_C = U_s\mathrm{e}^{-\frac{t}{\tau}}$$

$$i = \frac{U_s}{R}\mathrm{e}^{-\frac{t}{\tau}}$$

时间常数 τ 的大小反映了一阶电路过渡过程的进展速度,它是反映过渡过程特性的一个重要的量。可以计算得

$$\text{当 } t = \tau \text{ 时}, u_C(\tau) = U_s\mathrm{e}^{-1} = 0.368U_s$$

即从时间 $t=0$ 时刻经过一个 τ 的时间 u_C 衰减到初值的 0.368。$t = 2\tau, 3\tau, 4\tau, \cdots$ 时刻的电容电压值列于表 9-1 中。

表 9-1　电容电压随 t 的变化值

t	0	τ	2τ	3τ	4τ	5τ	$\cdots$	∞
$u_C(t)$	U_S	$0.368U_S$	$0.135U_S$	$0.05U_S$	$0.018U_S$	$0.007U_S$	$\cdots$	0

从表 9-1 可见,在理论上要经过无限长的时间 u_C 才能衰减为零值。但在工程上一般认为换路后,经过 $3\tau{\sim}5\tau$ 时间的过渡过程即宣告结束。因此,时间常数越大,过渡过程时间越长。

在实际电路中,适当选择 R 或 C 就可以改变电路的时间常数,以控制放电的快慢。

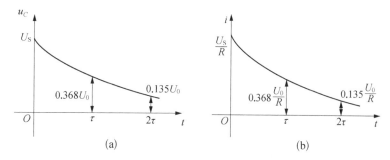

图 9-3　u_C 及 i 随时间变化的曲线

图 9-3(a)、(b)所示曲线为 u_C、i 随时间变化的曲线。时间常数 τ 的大小,还可以从曲线上用几何方法求得。在图 9-4 中,取电容电压 u_C 的曲线上任意一点 P,若通过 P 点作切线 PA,则 P 点对应的横坐标 B 点到 A 点的时间距离等于时间常数 τ,这说明曲线上任意一点,如果以该点的斜率为固定变化率衰减,那么经过 τ 时间为零值。

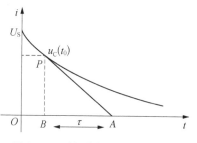

图 9-4　时间常数 τ 的几何意义

RC 电路零输入响应的物理过程是:电容不断放出能量,电阻则不断消耗能量,最后,原来储存在电容中的电场能量全部被电阻吸收转换成热能。

例 9-2　在图 9-5(a)所示的电路中 $U_S = 9\,\text{V}$, $R_1 = 6\,\Omega$, $R_2 = 3\,\text{k}\Omega$, $C = 1\,000\,\text{pF}$, $u_C(0) = 0$。试求 $t \geqslant 0$ 时电压 u_C。

解:

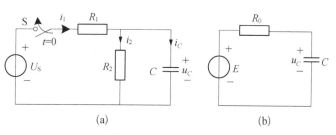

图 9-5　例 9-2 的电路

应用戴维宁定理将换路后的电路化为图9-5(b)所示的等效电路。等效电源的电动势和内阻分别为

$$E = \frac{R_2 U_S}{R_1 + R_2} = \frac{3 \times 10^3 \times 9}{(6 + 3) \times 10^3} = 3(\text{V})$$

$$R_0 = \frac{R_1 R_2}{R_1 + R_2} = \frac{(6 \times 3) \times 10^6}{(6 + 3) \times 10^3} = 2(\text{k}\Omega)$$

电路的时间常数为

$$\tau = R_0 C = 2 \times 10^3 \times 1\,000 \times 10^{-12} = 2 \times 10^{-6}(\text{s})$$

故得

$$u_C = E(1 - e^{-\frac{t}{\tau}}) = 3(1 - e^{-5 \times 10^5 t})\,\text{V}$$

二、RL 电路的零输入响应

图9-6所示电路在换路前已处于稳态,电感L的电流为$I = \dfrac{U_S}{R_1 + R_2}$。$t = 0$时开关S闭合,它将$RL$串联支路,即换路后电路无外加激励作用,故为零输入响应。

如图9-6所示,当开关S_1闭合,S_2断开时,电路已处于稳定状态,$i_L(0_+) = i_L(0_-) = \dfrac{U_S}{R_1 + R_2}$,当电路换路时,$S_1$断开,$S_2$闭合,由KVL得

$$u_{R_1} + u_{R_2} = U_S \qquad (9-6)$$

根据电磁感应定律并经整理,式(9-6)变为

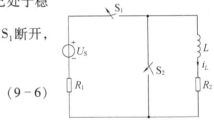

图9-6 RL 零输入响应

$$\frac{\mathrm{d}i_L}{\mathrm{d}t} + \frac{R_2}{L} i_L = 0 \qquad (9-7)$$

解：由式(9-7)得i_L的零输入响应为

$$i_L = A e^{-\frac{1}{L/R_2} t} \qquad (9-8)$$

将初始条件代入式(9-8)得

$$i_L = \frac{U_S}{R_1 + R_2} e^{-\frac{1}{L/R_2} t} \qquad (9-9)$$

令上式中的$\dfrac{U_S}{R_1 + R_2} = I_0$、$\dfrac{L}{R_2} = \tau$,$\tau$ 为 RL 电路的时间常数,具有时间量纲,单位为秒(s),则式(9-9)变为

$$i_L = I_0 e^{-\frac{1}{\tau} t} \qquad (9-10)$$

电感电压为

$$u_L = L \frac{\mathrm{d}i_L}{\mathrm{d}t} = -I_0 R_2 \mathrm{e}^{-\frac{t}{\tau}} \qquad (9-11)$$

将式(9-11)代入式(9-6)得电阻 R_2 上的电压为

$$u_{R_2} = -u_L = I_0 R_2 \mathrm{e}^{-\frac{t}{\tau}} \qquad (9-12)$$

由式(9-10)~式(9-12)可画出图9-7所示的波形图。

与 RC 类似,电路的时间常数 τ 决定了过渡过程进行的快慢,改变电路常数 R 和 L 可以控制 RL 电路过渡过程的进程。

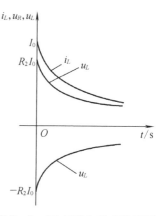

图9-7　RL 零输入响应波形图

例9-3　图9-8所示电路中,RL 串联由直流电源供电。S 开关在 $t=0$ 时断开,设 S 断开前,电路已处于稳定状态。已知 $U_S = 200\text{ V}$, $R_0 = 10\ \Omega$, $L = 0.5\text{ H}$, $R = 40\ \Omega$,求换路后 i_L、u_L、u_R 的响应。

解:（1）S 断开前,

$$I_0 = i(0_-) = \frac{U_S}{R} = \frac{200}{40} = 5(\text{A})$$

S 断开后,

$$i_L = I_0 \mathrm{e}^{-\frac{1}{\tau}t}$$

其中,$\tau = \dfrac{L}{R_0 + R} = 0.01\text{ s}$。

所以,

$$i_L = 5\mathrm{e}^{-\frac{1}{0.01}t} = 5\mathrm{e}^{-100t}(\text{A})$$

（2）$u_L = L \dfrac{\mathrm{d}i_L}{\mathrm{d}t} = 0.5 \times 5 \times (-100)\mathrm{e}^{-100t} = -250\mathrm{e}^{-100t}(\text{V})$

（3）$u_R = i_L R = 5\mathrm{e}^{-100t} \times 40 = 200\mathrm{e}^{-100t}(\text{V})$

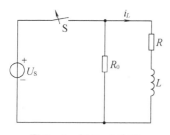

图9-8　例9-3电路

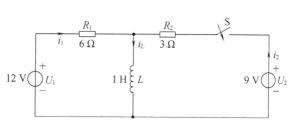

图9-9　例9-4电路

例9-4　如图9-9所示,换路前开关 S 断开且电路处于稳定状态,计算换路后的电流 i_L。

解： 在 $t > 0$ 时，S 闭合得

$$i_L = i_1 + i_2 = \frac{U_1 - u_L}{R_1} + \frac{U_2 - u_L}{R_2} = \frac{U_1}{R_1} + \frac{U_2}{R_2} - \frac{R_1 + R_2}{R_1 R_2} u_L$$

将上式代入 $u_L = L\dfrac{\mathrm{d}i_L}{\mathrm{d}t}$ 得

$$\frac{\mathrm{d}i_L}{\mathrm{d}t} = -\frac{1}{L}\frac{R_1 R_2}{R_1 + R_2}\left(i_L - \frac{U_1}{R_1} - \frac{U_2}{R_2}\right)$$

由例 9－4 电路图可知：$R_{eq} = \dfrac{R_1 R_2}{R_1 + R_2}$，这样 $\tau = \dfrac{L}{R_{eq}} = L\dfrac{R_1 + R_2}{R_1 R_2} = \dfrac{1}{2}$ s

用分离变量法解上面的微分方程得

$$i_L = \frac{U_1}{R_1} + \frac{U_2}{R_2} + Ce^{-t/\tau}$$

根据换路定律可知，$i_L(0_+) = i_L(0_-) = U_1/R_1$，代入上式得

$$C = -U_2/R_2$$

这样

$$i_L = \frac{U_1}{R_1} + \frac{U_2}{R_2}(1 - e^{-t/\tau})$$

将图 9－9 中数据代入上式得

$$i_L = 2 + 3 \times (1 - e^{-2t}) = (5 - 3e^{-2t})\,\mathrm{A}$$

第三节　一阶电路的零状态响应

在动态电路中，所有储能元件的 $u_C(0_+)$、$i_L(0_+)$ 都为零的情况为零状态。电路在零状态下由外施激励引起的响应称为零状态响应。本节讨论一阶电路的零状态响应。

一、RC 电路的零状态响应

如图 9－10(a)所示，在开关 S 未闭合时，RC 电路中电容电压 $u_C(0_-) = 0$，开关 S 闭合后，电源通过电阻对电容器进行充电，因此电容电压逐渐升高，充电电流逐渐减小，直到电容电压 u_C 等于电源电压 U_S，电路中电流为零时，充电过程结束。下面对这一充电过程进行分析。

当换路时，根据换路定律可得

$$u_C(0_+) = u_C(0_-) = 0$$

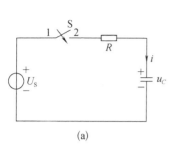 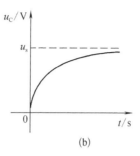 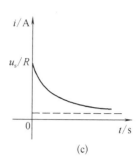

图 9-10 *RC* 电路的零状态响应

$$i(0_+) = \frac{U_S}{R}$$

根据 KVL 得

$$Ri(t) + u_C(t) = U_S \tag{9-13}$$

将 $i(t) = C\dfrac{\mathrm{d}u_C(t)}{\mathrm{d}t}$ 代入式(9-13)得图 9-11(a)所示电路的一阶非齐次微分方程为

$$RC\frac{\mathrm{d}u_C(t)}{\mathrm{d}t} + u_C(t) = U_S \tag{9-14}$$

式(9-14)的解可分为齐次方程的通解 $u_{ch}(t)$ 和非齐次方程的特解 $u_{cp}(t)$ 两部分之和,即

$$U_C(t) = u_{ch}(t) + u_{cp}(t)$$

式(9-14)对应的齐次方程为

$$\frac{\mathrm{d}u_C(t)}{\mathrm{d}t} + \frac{1}{RC}u_C(t) = 0$$

其特征方程所对应的特征根为

$$p = -\frac{1}{RC} = -\frac{1}{\tau}$$

故齐次方程的通解形式为

$$u_{ch}(t) = A\mathrm{e}^{-\frac{1}{RC}t} = A\mathrm{e}^{-\frac{1}{\tau}t} \tag{9-15}$$

当 $t \to +\infty$ 时,动态电路的暂态过程结束而进入新的稳定状态,使电容电压等于电源电压,因此式(9-14)的特解可表示为

$$u_{cp}(t) = u_C(+\infty) = U_S \tag{9-16}$$

由式(9-15)和式(9-16)得到齐次方程的解为

$$u_C(t) = A\mathrm{e}^{-\frac{1}{RC}t} + U_S \tag{9-17}$$

将 $u_C(0_+) = 0$ 代入式(9-17)解得积分常数为

$$A = -U_S$$

因此 RC 零状态电路的电压 $u_C(t)$ 响应式(9-17)变为

$$u_C(t) = U_S(1 - e^{-\frac{1}{RC}t})\varepsilon(t) \qquad (9-18)$$

电路的电流 $i(t)$ 响应为

$$i(t) = \frac{U_S}{R}e^{-\frac{1}{RC}t}\varepsilon(t) \qquad (9-19)$$

根据式(9-18)和式(9-19)画出的 $u_C(t)$ 和 $i(t)$ 波形如图9-10(b)和图9-10(c)所示。

例9-5　在图9-10(a)中,已知 $U_S = 12\ V$, $R = 5\ k\Omega$, $C = 1\ 000\ \mu F$。开关S闭合前,电路处于零状态,$t = 0$ 时开关闭合,求开关闭合后的 $u_C(t)$ 和 $i(t)$。

解: $\tau = RC = 5 \times 10^3 \times 1\ 000 \times 10^{-6} = 5(s)$, $U_S = 12\ V$

因为 $u_C(t) = U_S(1 - e^{-\frac{1}{RC}t})\varepsilon(t)$,所以 $u_C(t) = 12(1 - e^{-\frac{1}{5}t})\varepsilon(t)\ V$

$\dfrac{U_S}{R} = \dfrac{12}{5} = 0.002\ 4(A)$,且 $i(t) = \dfrac{U_S}{R}e^{-\frac{1}{RC}t}\varepsilon(t)$,所以 $i(t) = 0.002\ 4e^{-\frac{1}{5}t}\varepsilon(t)\ A$

二、RL 电路的零状态响应

如图9-11所示,开关S闭合前电路中的电流为零,即电路处于零状态。开关闭合后,电感元件中的电流从零逐渐增加到新的稳态值,电感中存储的磁能从无到有,也就是电感元件的充磁过程。

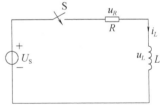

i_L 和 u_L 取关联参考方向,换路瞬间,根据 KVL 和电磁感应定律可得

$$\frac{di_L}{dt} + \frac{R}{L}i_L = \frac{U_S}{L}$$

图9-11　RL 零状态响应

由换路定律得 $i_L(0_+) = i_L(0_-) = 0$,当电路进入新的稳定状态时,有

$$i_L(+\infty) = \frac{U_S}{R}$$

将 $i_L(0_+)$、$i_L(+\infty)$ 代入三要素公式中得 RL 零状态响应为

$$i_L = \frac{U_S}{R}(1 - e^{-\frac{t}{\tau}})$$

$$u_L(t) = L\frac{di_L}{dt} = U_S e^{-\frac{t}{\tau}}$$

$$u_R(t) = i_L R = U_S(1 - e^{-\frac{t}{\tau}})$$

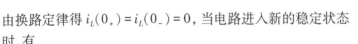

式中,时间常数 $\tau = \dfrac{L}{R}$。

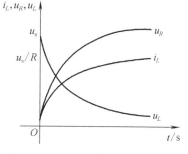

图 9 - 12　*RL* 零状态响应波形图

根据上述三要素公式可画出图 9 - 12 所示的 i_L、u_L 和 u_R 随时间变化的曲线。由波形图可知:一阶 *RL* 电路的零状态响应,是由零值按指数规律向新的稳态值变化的过程,变化的快慢由电路的时间常数 τ 来决定。

例 9 - 6　如图 9 - 11 所示,已知 $U_S = 10$ V, $R = 10\,\Omega$, $L = 5$ H,当开关 S 闭合后,计算:

(1) 当电路到达新的稳定状态时的电流;

(2) $t = 0$ s 和 $t = +\infty$ 时电感上的电压。

解: (1) 当电路到达新的稳定状态时,电流也到达稳定,有

$$I = \frac{U_S}{R} = \frac{10}{10} = 1(\text{A})$$

(2) 电路时间常数为

$$\tau = \frac{L}{R} = 0.5(\text{s})$$

当 $t = 0$ s 时,电感上的电压 $u_L(t) = U_S e^{-\frac{t}{\tau}} = 10e^{-2t} = 10$ V,

当 $t = +\infty$ 时,$u_L(t) = U_S e^{-\frac{t}{\tau}} = 0$ V,说明电感 L 相当于开路。

第四节　一阶电路的全响应

电路处于非零初始状态,在外施激励下产生的响应为全响应。

一、三要素法

三要素法是通过经典法推导得出的一个表示指数曲线的公式。它避开了解微分方程的麻烦,可以完全快速、准确地解决一阶电路问题。

无论一阶电路的初始值等于多少,也不论它是充电过程还是放电过程,任何电压和电流随时间的变化规律,都可以由下面的公式统一表示为

$$f(t) = f(\infty) + [f(0_+) - f(\infty)]e^{-\frac{t}{\tau}} \tag{9-20}$$

式中,$f(0_+)$ 是瞬态过程中变量的初始值;$f(\infty)$ 是变量稳态值;τ 是瞬态过程的时间常数。只要知道这三个量就可以根据式(9 - 20)直接写出一阶电路瞬态过程中任何变量的变化规律,故把这三个量称为三要素,这种方法称为三要素法。

式(9 - 20)只适用于在阶跃激励下的一阶线性暂态电路的分析,只要求出其中三个要素,即可描述一阶电路的暂态过程。

在电路分析中,外部输入电源通常称为激励,在激励下,各支路中产生的电压和电流

称为响应。不同的电路换路后,电路的响应是不同的时间函数。

(1)零输入响应是指无电源激励,输入信号为零,仅由初始储能引起的响应,其实质是电容元件放电的过程,即

$$f(t) = f(0_+)\mathrm{e}^{-\frac{t}{\tau}}$$

(2)零状态响应是指换路前初始储能为零,仅由外加激励引起的响应,其实质是电源给电容元件充电的过程,即

$$f(t) = f(\infty)\left(1 - \mathrm{e}^{-\frac{t}{\tau}}\right)$$

(3)全响应是指电源激励和初始储能共同作用的结果,其实质是零输入响应和零状态响应的叠加,即

$$f(t) = f(0_+)\mathrm{e}^{-\frac{t}{\tau}} + f(\infty)\left(1 - \mathrm{e}^{-\frac{t}{\tau}}\right)$$

应用三要素法求出的暂态方程可满足在阶跃函数激励下所有一阶线性电路的响应情况。例如,通过对 RC 电路的暂态分析,可以得出电压和电流的充、放电曲线如图 9-13 所示,这四种情况都可以用三要素法直接求出和描述,因此三要素法是既简单又准确的方法。

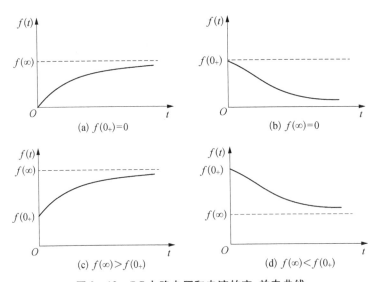

图 9-13 RC 电路电压和电流的充、放电曲线

RL 电路的分析方法和 RC 电路相似。需要注意的是,RL 电路的时间常数 $\tau = \dfrac{L}{R}$。

二、RC 电路的全响应

当 RC 电路中的储能元件电容在换路前就已具有初始能量,换路后又受到外加激励电源的作用,两者共同作用产生的响应,称为 RC 一阶电路的全响应。

如图 9-14(a)所示,换路前开关长时间处于"2"的位置,表明电路已处于稳定状态,

电容存储的电能为$\frac{1}{2}CU_2^2$,换路瞬间 $u_C(0_+) = u_C(0_-) = U_2$。当开关 S 由"2"位置拨向"1"位置时,电容除有初始储能,还因为整个电路受外加电源 U_1 的作用,因此电路中的各量为非零状态下的有输入响应。

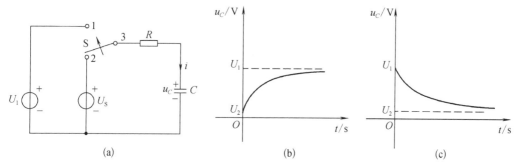

图 9－14 RC 电路的全响应

开关动作后,电路方程为

$$RC\frac{\mathrm{d}u_C(t)}{\mathrm{d}t} + u_C(t) = U_1 \tag{9－21}$$

方程式(9－21)对应的齐次方程通解为

$$u_{\mathrm{ch}}(t) = A\mathrm{e}^{-\frac{1}{\tau}t} \tag{9－22}$$

方程式(9－22)的特解为电路达到稳态时的 $u_C(t)$,即

$$u_{\mathrm{cp}}(t) = U_1 \tag{9－23}$$

因此微分方程的全解为

$$u_C(t) = A\mathrm{e}^{-\frac{1}{RC}t} + U_1 \tag{9－24}$$

将初始条件 $u_C(0_+) = U_2$ 代入式(9－24)得电路中电容电压的全响应为

$$u_C(t) = (U_2 - U_1)\mathrm{e}^{-\frac{1}{RC}t} \tag{9－25}$$

或

$$u_C(t) = U_2\mathrm{e}^{-\frac{1}{RC}t} + U_1(1 - \mathrm{e}^{-\frac{1}{RC}t}) \tag{9－26}$$

由式(9－25)可知:RC 一阶电路在非零状态条件下与电源 U_1 接通后,电路电容电压全响应由暂态响应 $(U_2 - U_1)\mathrm{e}^{-\frac{1}{RC}t}$ 和稳态响应 U_1 两部分叠加而成。

由式(9－26)可知:RC 电路的全响应又可看作零输入响应 $U_2\mathrm{e}^{-\frac{1}{RC}t}$ 和零状态响应 $U_1(1 - \mathrm{e}^{-\frac{1}{RC}t})$ 的叠加。

图 9－14(a)所示电路中电容电压的响应可分如下 3 种情况:

(1) 当 $U_1 = U_2$ 时,由式(9－25)可知,$u_C(t) = U_1$,表明电路一经换路便进入稳定状态,无过渡过程。

（2）当 $U_1 > U_2$ 时，电路在换路后将继续对电容器 C 进行充电，直到电容上的电压等于 U_1，如图 9-14（b）所示。

（3）当 $U_1 < U_2$ 时，电路在换路后电容器处于放电状态，由初始值的 U_2 衰减到稳态的 U_1 值，如图 9-14（c）所示。

例 9-7 图 9-15 所示电路，$t < 0$ 时电路处于稳定状态，且储有 25 J 的电能。$t = 0$ 时开关闭合，求 $t > 0$ 时的 $u_C(t)$ 和 $i(t)$。

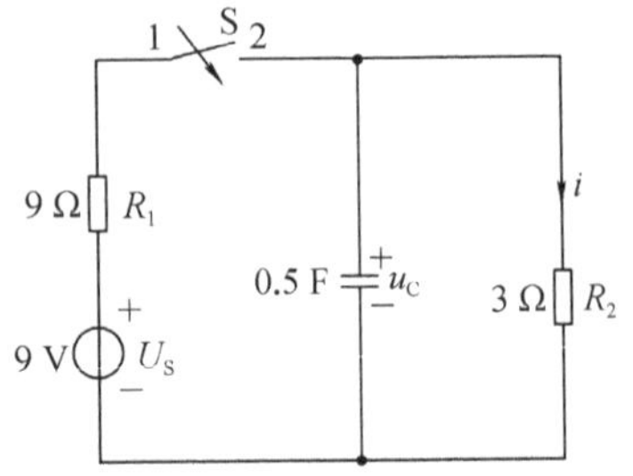

解：（1）由 $w = \dfrac{1}{2} C u_C^2(t)$ 知：$u_C(0_+) = u_C(0_-) =$

$$\sqrt{\dfrac{2w}{C}} = \sqrt{\dfrac{2 \times 25}{0.5}} = 10(\text{V})$$

开关闭合后，当电路达到新的稳态时，$u_C(+\infty) =$

$$\dfrac{R_2}{R_1 + R_2} U_S = \dfrac{3}{3 + 9} \times 9 = 2.25(\text{V})$$

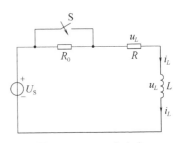

图 9-15 例 9-7 电路

电路放电时间常数 $\tau = RC = (R_1 /\!/ R_2)C = 1.125\,\text{s}$。注：时间常数的求取为电源除源后等效所得，即换路后从动态元件两端往里看的戴维宁或诺顿等效电阻。

将 $u_C(0_+)$、$u_C(+\infty)$ 替代式（9-25）中的 U_2 和 U_1 并把 τ 代入其中，得

$$u_C(t) = (10 - 2.25)\text{e}^{-\frac{1}{1.125}t} + 2.25 = (2.25 + 7.75\text{e}^{-\frac{1}{1.125}t})(\text{V})$$

（2）$i(t) = \dfrac{u_C(t)}{R_2} = (0.75 + 2.58\text{e}^{-\frac{1}{1.125}t})\,\text{A}$

三、RL 电路的全响应

图 9-16 所示电路，设开关 S 闭合前电路已处于稳定状态。开关 S 闭合时，根据换路定律得

$$i_L(0_+) = i_L(0_-) = \dfrac{U_S}{R_0 + R}$$

由 KVL 得

$$u_L + u_R = U_S$$

当 i_L 和 u_L 取关联性参考方向时，上式为

$$Ri_L + L\dfrac{\text{d}i_L}{\text{d}t} = U_S$$

图 9-16 RL 全响应

当 $t = +\infty$ 时，$i_L(+\infty) = \dfrac{U_S}{R}$，将 $i_L(0_+)$ 和 $i_L(+\infty)$ 代入式（9-20）得

$$i_L(t) = \dfrac{U_S}{R} + \left(\dfrac{U_S}{R_0 + R} - \dfrac{U_S}{R}\right)\text{e}^{-\frac{t}{\tau}} \tag{9-27}$$

式中,换路后电路的时间常数 $\tau = \dfrac{L}{R}$。改写式(9-27)可得

$$i_L(t) = \frac{U_S}{R_0 + R}\mathrm{e}^{-\frac{t}{\tau}} + \frac{U_S}{R}\left(1 - \mathrm{e}^{-\frac{t}{\tau}}\right) \tag{9-28}$$

因此 RL 电路的全响应由可看成零输入响应和零状态响应的叠加。

例 9-8 图 9-16 所示的电路中,已知 $U_S = 100\,\text{V}$,$R_0 = R = 50\,\Omega$,$L = 5\,\text{H}$,设开关 S 闭合前电路已处于稳态状态。$t = 0$ 时,开关 S 闭合,求闭合后电路中的电流 $i_L(t)$ 和 $u_L(t)$。

解:（1）由 $i_L(0_+) = i_L(0_-) = \dfrac{U_S}{R_0 + R}$ 得

$$i_L(0_+) = \frac{U_S}{R_0 + R} = \frac{100}{50 + 50} = 1\,(\text{A})$$

由 $i_L(+\infty) = \dfrac{U_S}{R}$ 得

$$\frac{U_S}{R} = \frac{100}{50} = 2\,(\text{A})$$

$$\frac{1}{\tau} = \frac{R}{L} = \frac{50}{5} = 10\,(\text{Hz})$$

将相关数据代入式(9-27)中得

$$i_L(t) = 2 + (1 - 2)\mathrm{e}^{-10t} = (2 - \mathrm{e}^{-10t})\,(\text{A})$$

（2） $$u_L(t) = L\frac{\mathrm{d}i_L}{\mathrm{d}t} = 5 \times 10\mathrm{e}^{-10t} = 50\mathrm{e}^{-10t}\,(\text{V})$$

第五节 二阶电路的零输入响应

用二阶微分方程描述的动态电路称为二阶电路。在二阶电路中,给定的初始条件有两个,它们由储能元件的初始值决定。RLC 串联电路是最简单的二阶电路。

图 9-17 所示为 RLC 串联电路,假设电容已充电,其电压 $u_C = U_S$,电感中的初始电流为 I_0。当 $t = 0$ 时,开关 S 闭合,此电路的放电过程即是二阶电路的零输入响应。根据 KVL 可得

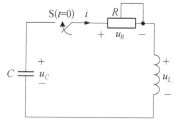

图 9-17 RLC 串联电路

$$-u_C + u_R + u_L = 0$$

$i=-C\dfrac{\mathrm{d}u_c}{\mathrm{d}t}$，电压 $u_R=Ri=-RC\dfrac{\mathrm{d}u_c}{\mathrm{d}t}$，$u_L=L\dfrac{\mathrm{d}i}{\mathrm{d}t}=-LC\dfrac{\mathrm{d}^2u_c}{\mathrm{d}t^2}$。代入上式得

$$LC\frac{\mathrm{d}^2u_c}{\mathrm{d}t^2}+RC\frac{\mathrm{d}u_c}{\mathrm{d}t}+u_c=0 \tag{9-29}$$

式(9-29)是以 u_c 为未知量的 RLC 串联电路放电过程的微分方程。这是一个线性常系数二阶齐次微分方程。求解这类方程时，仍然先设 $u_c=Ae^{pt}$，然后确定其中的 A 和 p。

将 $u_c=Ae^{pt}$ 代入式(9-29)的特征方程得

$$LCp^2+RCp+1=0$$

解出特征根为

$$p=-\frac{R}{2L}\pm\sqrt{\left(\frac{R}{2L}\right)^2-\frac{1}{LC}}$$

显然 P 有两个值。为了兼顾这两个值，电压 u_c 可写成

$$u_c=A_1e^{p_1t}+A_2e^{p_2t} \tag{9-30}$$

式中，

$$\begin{cases}p_1=-\dfrac{R}{2L}+\sqrt{\left(\dfrac{R}{2L}\right)^2-\dfrac{1}{LC}}\\[2mm]p_2=-\dfrac{R}{2L}-\sqrt{\left(\dfrac{R}{2L}\right)^2-\dfrac{1}{LC}}\end{cases} \tag{9-31}$$

从式(9-31)可见，给定特征根 p_1 和 p_2 仅与电路参数和结构有关，而与激励和初始储能无关。

现在给定的初始条件为 $u_c(0_+)=u_c(0_+)=U_S$ 和 $i(0_+)=i(0_-)=I_0$。$i=-C\dfrac{\mathrm{d}u_c}{\mathrm{d}t}$，因此有 $\dfrac{\mathrm{d}u_c}{\mathrm{d}t}=-\dfrac{I_0}{C}$，根据这两个初始条件和式(9-30)，得

$$\begin{cases}A_1+A_2=U_0\\[2mm]p_1A_1+p_2A_2=-\dfrac{I_0}{C}\end{cases} \tag{9-32}$$

联立求解式(9-32)就可求得常数 A_1 和 A_2。下面讨论 $U_S\ne0$ 而 $I_0=0$ 的情况，即已充电的电容通过 R、L 放电的情况。此时可解得

$$A_1=\frac{p_2U_0}{p_2-p_1}$$

$$A_2=-\frac{p_1U_0}{p_2-p_1}$$

将解得的 A_1、A_2 代入式(9-30)就可以得到 RLC 串联电路零输入响应的表达式。

由于电路中 R、L、C 的参数不同,特征根可能是:① 两个不等的负实根;② 一对实部为负的共轭复根;③ 一对相等的负实根。

当图 9-18 所示为两个不等负实根时,RLC 串联电路处于非振荡放电过程。从图 9-18 中可以看出 u_C、i 始终不改变方向,而且有 $u_C > 0$,$i \geq 0$,表明电容在整个过程中一直释放储存的电能,因此称为非振荡放电,又称为过阻尼放电。当 $t = 0_+$ 时,$i(0_+) = 0$,当 $t \to \infty$ 时放电结束,$i(\infty) = 0$,因此在放电过程中电流必然要经历从小到大再趋于零的变化。电流到达最大值的时刻 t_m 可由 $\dfrac{\mathrm{d}i}{\mathrm{d}t} = 0$ 决定,即

$$t_m = \frac{\ln\left(\dfrac{p_2}{p_1}\right)}{p_1 - p_2}$$

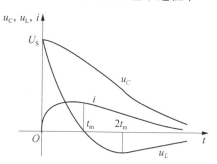

图 9-18 非振荡放电过程中 u_C,u_L,i 随时间变化的曲线

$t < t_m$ 时,电感吸收能量,建立磁场;当 $t > t_m$ 时,电感释放能量,磁场逐渐衰减,趋向消失;当 $t = t_m$ 时,正是电感电压过零点时刻。

第六节 应用实例:闪光灯电路

闪光灯在我们日常生活中应用十分广泛,如照相机在光线比较暗的条件下使用,要用闪光灯照亮场景一定时间。本节将介绍闪光灯电路模型及其工作原理,从而根据实际需要设计闪光灯电路。

一、闪光灯的电路模型

闪光灯的种类繁多,应用场合也各不相同,但从本质上说都可以看成图 9-19 所示的电路模型。闪光灯电路可看成由直流电压源 U_s、电阻 R、电容 C 和能够放电闪光的灯 B 组成。

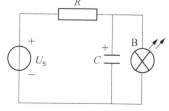

图 9-19 闪光灯电路模型

二、闪光灯的工作原理

电路模型中的灯只有在灯电压达到 U_{max} 值时开始导通,在灯导通期间,可以将其等效为一个电阻 R_B,这时电容上的电压将通过电阻 R_B 放电,当电容上的电压下降到 U_{min},灯将不再导通;当灯不导通时,相当于开路,此时直流电压源 U_s 将通过电阻 R 对电容 C 充电,当电容的电压上升到 U_{max} 时,灯又将导通,重复上述过程。

分析闪光灯的工作原理,重在确定闪光灯工作时发光时间与不发光时间。

假设灯停止导通的瞬间 $t = 0$,代表灯开始工作的瞬间,为完成一个周期的时间。

(1)当 $t = 0$ 时,灯停止导通,电容开始充电,此时闪光灯电路可等效为图 9-20(a)所示的电路。充电起始时,灯的电压初值 $U_B(0_+) = U_B(0_-) = U_{min}$,充电稳定后 $U_B(\infty) = U_s$,

$\tau = RC$, 把它们代入全响应函数表达式,有

$$f(t) = f(\infty) + [f(0_+) - f(\infty)]e^{-\frac{t}{\tau}}$$

得出灯不导通时电压为

$$U_B(t) = U_S + (U_{min} - U_S)e^{-\frac{t}{RC}}$$

由此式得出灯导通前所需要的时间为

$$t_{充} = RC\ln\frac{U_{min} - U_S}{U_{max} - U_S}$$

　　(2) 当灯导通时,电容开始放电,闪光灯电路可等效为图 9-20(b)所示的电路。当灯导通时,电容上的电压将通过电阻 R_B 进行放电过程,其初值 $U_B(0_+) = U_B(0_-) = U_{max}$,放电结束并稳定后,$U_B(\infty) = \dfrac{R_B}{R + R_B}U_S$,$\tau = \dfrac{RR_B}{R + R_B}C$, 把它们代入响应函数的表达式,有

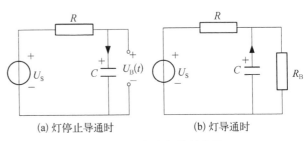

(a) 灯停止导通时   (b) 灯导通时

图 9-20　闪光灯等效电路

$$f(t) = f(\infty) + [f(0_+) - f(\infty)]e^{-\frac{t}{\tau}}$$

可得出当灯导通时灯的电压为

$$U_B(t) = \frac{R_B}{R + R_B}U_S + \left(U_{max} - \frac{R_B}{R + R_B}U_S\right)e^{-t/\left(\frac{RR_B}{R+R_B}C\right)}$$

由此式可导出灯导通的时间为

$$t_{放} = \frac{RR_B}{R + R_B}C\ln\frac{U_{max} - \dfrac{R_B}{R + R_B}U_S}{U_{min} - \dfrac{R_B}{R + R_B}U_S}$$

本 章 小 结

一、知识概要

　　本章讨论了线性电路的动态分析,描述电路的方程是以时间为变量的微分方程,故称为时域分析。其内容包括电容及电感元件的储能特性,换路定律,电路变量初始值的求解,一阶电路的零输入响应、零状态响应和全响应的分析方法,求一阶电路全响应的三要

素公式,RLC 串联电路的零输入响应。

二、知识重点

本章的重点内容是换路定律、初始值的计算及 RC 电路的全响应计算。

三、思维导图

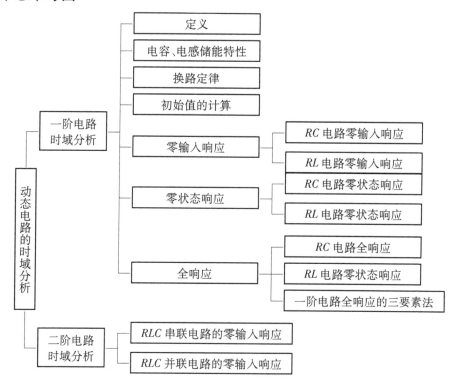

习　题

9-1　题 9-1 图(a)所示电路中的 $u_s(t)$ 波形如题 9-1 图(b)所示,已知 $C = 0.5$ F。求电流 $I(t)$、功率 $p(t)$ 和能量 $W_C(t)$,并绘出其波形。

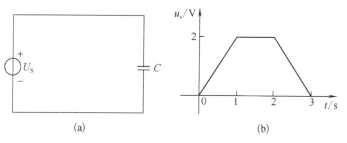

(a)　　　　　(b)

题 9-1 图

9-2　如题9-2图(a)所示,电路中的 $i_s(t)$ 波形如题9-2图(b)所示,已知 $L = 1\,\text{H}$,求电压 $u(t)$、功率 $p(t)$ 和能量 $W_L(t)$,并绘出其波形。

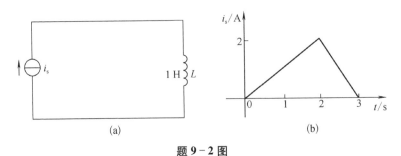

题9-2图

9-3　题9-3图所示电路中,S断开前电路已处于稳定状态,确定S断开瞬间 u_C、i_C、i_1 和 i_2 的初值。

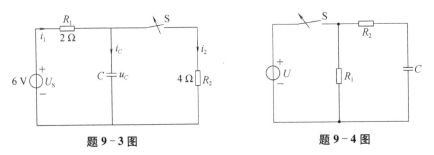

题9-3图　　　　　　　　　　　题9-4图

9-4　题9-4图所示电路中,开关S闭合时电容器充电,充电后打开S,电容器放电,分别写出充电和放电电路时间常数。

9-5　题9-5图所示电路换路前已处于稳定状态,$t = 0$ 时开关断开,求各储能元件上的电压及电流的初始值。

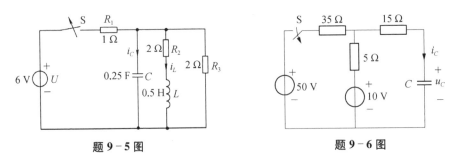

题9-5图　　　　　　　　　　　题9-6图

9-6　题9-6图所示电路中,换路前电路已稳定,在 $t = 0$ 时开关断开,求换路后的 $u(t)$ 和 $i(t)$。

9-7　题9-7图所示电路中,$t = 0$ 时开关S闭合,已知 $i_L(0_-) = 0$,求 $t > 0$ 时的电流 i_L 和电压 u_L。

9-8　题9-8图所示电路中,已知 $C = 0.5\,\mu\text{F}$,$R = 100\,\Omega$,$U_s = 220\,\text{V}$,开关闭合前电路处于零状态,求:

(1) 开关S闭合后电流初始值 $i(0_+)$、时间常数;

（2）当开关 S 接通后 150 μs 时电路中的电流 i 和电压 u_C 的数值。

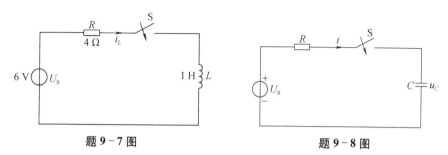

题 9－7 图　　　　　　　　　　　题 9－8 图

9－9 题 9－9 图所示电路中，$R_1 = R_2 = 10\ \Omega$，$R_3 = 20\ \Omega$，$C = 100\ \mu\text{F}$，$U_s = 20\ \text{V}$，开关 S 闭合前电路已处于稳定状态，在 $t = 0$ 时将开关闭合，求 S 闭合后 u_C 的变化规律。

9－10 题 9－10 图所示电路中，$t = 0$ 时开关 S 闭合，闭合前电路已处于稳定状态，求 $t > 0$ 时的感应电流 i_L。

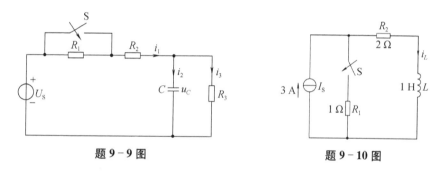

题 9－9 图　　　　　　　　　　　题 9－10 图

9－11 题 9－11 图（a）所示 RC 电路中，$T = 30\ \mu\text{s}$，脉宽 $T_w = 10\ \mu\text{s}$，输入波形如题 9－11 图（b）所示，试说明电路的作用，并绘出输出波形。

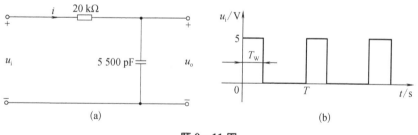

(a)　　　　　　　　　　　(b)

题 9－11 图

参 考 答 案

9－1 $t = 1\ \text{s}$ 时，$I(t) = 1\ \text{A}$，$P(t) = 1\ \text{W}$，$W_C(t) = 1\ \text{J}$；$t = 2\ \text{s}$ 时，$I(t) = 0\ \text{A}$，$p(t) = 0\ \text{W}$，$W_C(t) = 1\ \text{J}$；$t = 3\ \text{s}$ 时，$I(t) = -1\ \text{A}$，$p(t) = 1\ \text{W}$，$W_C(t) = -1\ \text{J}$；图略

9－2 $t = 2\ \text{s}$ 时，$u(t) = 1\ \text{V}$，$p(t) = 1\ \text{W}$，$W_L(t) = 2\ \text{J}$；$t = 3\ \text{s}$ 时，$u(t) = -2\ \text{V}$，$p(t) = -2\ \text{W}$，

$W_L(t) = 0\ \mathrm{J}$;图略

9 - 3　$u_C(0_+) = 4\ \mathrm{V}$, $i_1 = i_C = 1\ \mathrm{A}$, $i_2 = 0\ \mathrm{A}$

9 - 4　充电时间 $\tau_1 = R_2 C$,放电时间 $\tau_2 = (R_1 + R_2)C$

9 - 5　$i_L(0_+) = 1.5\ \mathrm{A}$, $u_L(0_+) = 0\ \mathrm{V}$, $i_C(0_+) = -3\ \mathrm{A}$, $u_C(0_+) = 3\ \mathrm{V}$

9 - 6　$u(t) = 15\ \mathrm{V}$, $I(t) = -0.25\ \mathrm{A}$

9 - 7　$i_L = 1.5(1 - e^{-4t})\ \mathrm{A}$, $u_L = 6e^{-4t}\ \mathrm{V}$

9 - 8　(1) $i(0_+) = 2.2\ \mathrm{A}$, $\tau = 50\ \mu\mathrm{s}$

　　　(2) $u_C = 209\ \mathrm{V}$, $i_C = 0.11\ \mathrm{A}$

9 - 9　$u_C(0_+) = 10\ \mathrm{V}$, $u_C(\infty) = 13.4\ \mathrm{V}$, $u_C(t) = (13.4 - 3.4e^{-1\,500t})\ \mathrm{V}$, 电容电压逐渐增大

9 - 10　$i_L = (1 + 2e^{-3t})\ \mathrm{A}$

9 - 11　电路为低通滤波电路;图略

参 考 文 献

鲍利斯塔,2014.电路分析导论：12 版[M].陈希有,张新燕,李冠林,等,译.北京：机械工业出版社.

蔡元宇,朱晓萍,霍龙,2013.电路及磁路：4 版[M].北京：高等教育出版社.

海特,凯默利,杜宾,2011.工程电路分析：7 版[M].周玲玲,蒋乐天,译.北京：电子工业出版社.

江缉光,刘秀成,2007.电路原理：2 版[M].北京：清华大学出版社.

李翰荪,2006.电路分析基础(上、下册)：4 版[M].北京：高等教育出版社.

尼尔森,里德尔,2016.电路：10 版[M].周玉坤,冼立勤,李莉,等,译.北京：电子工业出版社.

秦曾煌,2009.电工学：7 版[M].北京：高等教育出版社.

邱关源,罗先觉,2006.电路：5 版[M].北京：高等教育出版社.

萨迪库,穆萨,亚历山大,2014.应用电路分析[M].苏育挺,王建,张承乾,译.北京：机械工业出版社.

汪建,汪泉,2017.电路原理教程[M].北京：清华大学出版社.

于歆杰,朱桂萍,陆文娟,2007.电路原理[M].北京：清华大学出版社.